ドローン
drone
business
ビジネス
成功の方程式

黍嶋一馬
Kazuma Kibishima

ビーパブリッシング

はじめに

今からお伝えすることを想像してみてください。

●空を飛ぶ小さなマシンが農地を監視し、必要な場所にだけ農薬をまき、作物の成長を最適化する

●同じような外見をしたマシンが次々と緊急の医療用品を積んで飛行し、遠隔地へ運んでいく

これは未来のSF映画のシーンではなく、ドローンを使用して実現しようとしていることです。

他にもドローンを活用すれば、今まで不可能だった方法で動画を撮ったり、高層ビルに登ることなく点検ができたりするので、ドローン市場は大きな拡大が予想されています。

実際に経済産業省は、ドローン関連の「ものづくり補助金」において、令和４年度の補正予算額が２０００億円であると発表しています。関連する補助金は他にも用意されており、中小企業が利用できる補助金もありますので、ドローンの導入は大きなビジネスチャンスにつながるでしょう。

ただしドローンは最新のツールですので歴史は浅く、正しい知識を持って取り組んでいる人がまだまだ少ないのが現状です。正しい知識を持っていないと、知らぬ間に法律違反をしてしまったり、損害賠償責任を負うリスクもあります。

ドローンを使った仕事を発注する側の立場になって考えてみても、安全第一に仕事をしてくれるところに依頼したいもの。だからこそ、これからはドローンのスキルだけではなく正しい知識を身に付けている人の需要が高まっていきます。

本書では、ドローンに興味のある方がゼロからドローンについて学び、最終的にドローンの資格を取得し、その後に仕事に活かす方法まで知ることができます。

まず第1章でドローンの基礎知識をお伝えします。ドローンの種類や特徴を知り、それぞれどういった用途で使用されるのかを確認します。さらにドローンの操作方法は国内と海外ではやや異なるので、その違いを押さえた上で機体を操作しなくてはなりません。

第2章ではドローンに関する法規制について触れていきます。ドローンは「無人航空機」ですので、航空法などの法律で細かいルールが決められています。フライトできる時間や場所・条件、そして禁止されている行為について一緒に理解を深めていきましょう。

また、2022年6月に航空法が改正された影響で、ドローン所有者の機体登録が義務化されています。こうした最新情報についても、詳しく解説します。

第3章はドローンビジネスの規模や将来性についての内容です。ドローンは年々市場規模が拡大しており、今後も大きくなっていくことが見込まれている分野で、さまざまな関連分野があります。最も大きな市場はドローンを使ったサービス業ですが、ドローンの部品やスクール業、そして保険商品の需要も高まっています。

第4章では、ドローンがどのように使われているのかを12業種別に見ていきます。冒頭でお伝えした農薬散布や輸送・空撮以外にも、警備や在庫管理、通信、災害調査など導入の幅が広いことが分かるでしょう。これからドローンを使った仕事を始めたいと考えている方は、どのような活用方法があるのかイメージしやすくなります。

第5章ではドローンビジネスを始める方へ向けた注意点について見ていきます。また、ビジネスを大きくするのに利用できる補助金や、資格取得に必要なドローンスクールの選び方も知っておく必要があるでしょう。

第6章では、私たちが運営するドローン免許学校で資格を取った卒業生の活躍をご紹介します。ドローン免許学校では資格取得後の活動のサポートもしているため、受講を終えた後にも学んだ知識や身に付けたスキルをすぐに活かすことができます。せっかくプロになれたのに、ドローンを使った仕事に就けないのはもったいないですよね。

そうしたことのないよう、ドローン免許学校は卒業後の活動支援をしており、さらにフライトのサポートなども実施しています。

またこの本では、ドローンのビジネスで大きく成功したい人のために読者限定特典を用意していますので、ぜひとも最後までご覧ください。

黍嶋一馬

CONTENTS

第3章

ドローンビジネスの展望

第4章

さまざまな業界で活躍するドローン

第5章 ドローンビジネスを始めるにあたり

第6章

ドローン免許学校の卒業生の方々

第1章

ドローンの基礎知識

ドローンとは何か？

本書を手に取ったあなたは、「ドローン業界について詳しく学びたい」「ビジネスに利用できるかどうかを知りたい」と考えていると思います。それについて詳しくお話しする前に、この章ではドローンの基礎的なことをお伝えしておきます。

あなたはドローンと聞くと、どういったものをイメージしますか？

「コントローラーを使って空中で自由に動かせるもの」

多くの方はこのように連想すると考えられます。

しかしドローンにはさまざまな種類があり、空を飛べるだけではなく、水中に潜れる機体や地上を走れる機体もあるのです。

水の中で動かせるドローンは水深1000mまで潜れるので、潜水士の代わりに海底探査が可能になりますし、ダムのような水中構造物の点検、漁港の定置網や養殖場の点検にも活用できます。水中ドローンの登場で、潜水士や潜水艦を使わずとも水中での作業が可能になるため、費用対効果を高めることが期待できます。

そして地上を走るドローンは屋内施設の巡回や探索、救助活動などに利用できます。特に危険な場所での活動は、人間が行わずとも、ドローンを用いれば安全性を高められます。

また、陸上移動できるので、物流の分野にも向いています。将来的に道路交通法が改正され、陸上型のドローンが公道を走れるようになれば、災害・救助現場に物資を届けることもできるようになるでしょう。

ドローンの種類については、この章で後ほど詳しく見ていきます。

このように、ドローンはさまざまな分野で活用されているため、その市場規模も年々大きくなっています。２０１６年の市場規模は１５４億円と小さい数値でしたが、そこから４年後の２０２０年には約６・５倍の１０００億円とされています。

今後も成長を期待できる市場なので、ドローンビジネスを始めようと考えている方は、今がチャンスといえるでしょう。

ドローンビジネスの具体例を一つ取り上げると、ドローンによる配送は特に注目を集めています。新型コロナウイルス感染症の影響で非接触での配送が求められるようになったことが背景にありますが、アメリカでは2013年からすでにAmazonがドローン配送の試験飛行をスタートしており、実用化されようとしています。日本においても、2022年度から街中でのドローンによる輸送ができるように法整備が進められており、楽天などがドローン配送に関する試験飛行を始めました。

その他にも、ドローンの業界での利用事例は数多くあります。ドローンビジネスについては第3章以降でお伝えしています。

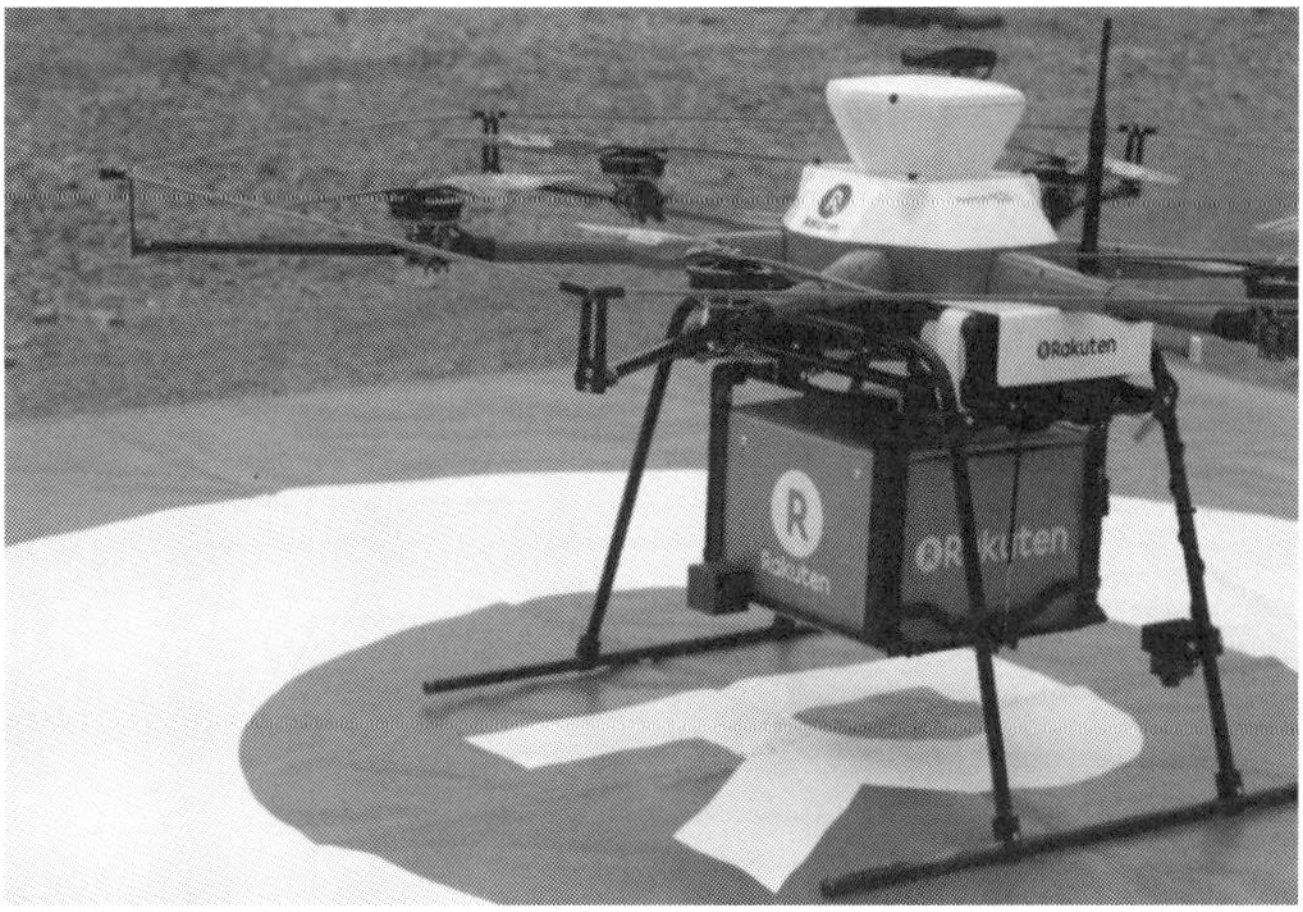

【Rakuten Drone 自動配送ロボットサービス】

ドローンの種類と特徴

一口にドローンといっても、用途によってさまざまなものがあります。

1000円単位で買えるおもちゃもあれば、10万円・100万円単位の機体もありますし、中には1000万円を超えるものもあるのがドローンです。

ドローンの使用用途は次のように区別できます。

- ●空撮やレースといったホビーユース
- ●点検や測量、農業や物資輸送、商業空撮といった業務用
- ●偵察、攻撃、輸送などの軍事用

ドローン利用は多くの分野で拡大を続けていますが、特に産業分野での汎用性は高く、数多くの業界での多様な活用に期待が寄せられています。

また、ドローンを形で区別すると次のタイプがあります。

- **空中を飛行するUAV（飛行型ドローン）**
- **地上を走行するUGV（地上走行ドローン）**
- **水上を移動するUSV（水上ドローン）**
- **水中を移動するROV（水中ドローン）**

「空を飛ぶ以外にも、地上や水面を走ることもできるの？」と意外に感じた方もいるのではないでしょうか？　冒頭でもご紹介した通り、ドローンは飛行するだけではなく、水中や地上を移動することができ、さらに水上の走行も可能です。それぞれのタイプを確認していきましょう。

それぞれのタイプを確認していきましょう。

①空中を飛行するUAV（飛行型ドローン）

飛行型ドローンのUAV（Unmanned Aerial Vehicle）は、大きく分けると「回転翼機」と「固定翼機」の2種類になります。

また「回転翼機」と「固定翼機」を組み合わせた「VTOL機」の関心も高まってきています。

UAVは形状によって、内部の構造や飛行の仕方が異なります。それぞれの形状について具体的に解説します。

■回転翼機

回転翼機とはローター（回転翼）に生じる推力で飛行するドローンです。ヘリコプターにも使われているようなローターが、この形態のドローンにも1つ以上搭載されています。回転翼機の特徴は次の通りです。

- **人の立ち入りが危険な区域でも進入できる**
- **比較的小型かつ軽量である**
- **垂直離着陸ができ滑走路が不要**
- **ホバリングができる**

また、回転翼機の形状はローターの数によって「シングルローター」、「サイド・バイ・サイド」、「マルチコプター」の3つに分類されます。シングルローターはローターが1つであり、ヘリコプターのような見た目をしています。サイド・バイ・サイドはローターが2つであり、マルチコプターは3つ以上です。

一般的にドローンと聞いて連想されるのは、複数の回転翼を持つ

【シングルローター】

【6つの回転翼を持つヘキサコプター】

マルチコプターでしょう。

マルチコプターには、ローターの数に応じた呼び名があります。例えばローター数が3つの機体の名称はトライコプター、4つならクワッドコプター、6つならヘキサコプター、そして8つならオクトコプターです。

マルチコプターは、ローターブレード（プロペラ）のサイズや数が増えるほど、ペイロード（最大積載量）が大きくなります。

ローターが6つ以上のマルチコプターであれば、故障や事故などで1つのローターが停止しても、残りのローターのパワーで推力とバランスの調整が可能です。

またマルチコプターの中には「二重反転式」と呼ばれる形式を取っている機体もあります。これは2つの逆回転するローターを上下に重ねて浮上するため、機体サイズを小さくできます。

【8つの回転翼を持つオクトコプター】

例えば8つのローターを全て二重反転式にしたオクトコプターの平面サイズは、クワッドコプターと同等です。

このようにマルチコプターにはローターの数やプロペラのサイズ、機体の面積に応じたさまざまなタイプがあります。

一方シングルローター型はヘリコプターのような形状で、主に農薬の散布や物流の用途に用いられる機体です。特に物流の用途では、大型ローターが生み出すパワーやスピードに大きな期待が寄せられています。

モーターの回転数差で機体のバランスを取るマルチコプターとは異なり、シングルローター型に採用されるのはローターブレードの可変ピッチです。

ピッチとはローターブレードの角度のことで、調整によって機体の上昇下降・前後左右の移動が決められます。

可変ピッチの大きなメリットは、簡単に速度調整できるため応答性が高く、風の中でも安定し

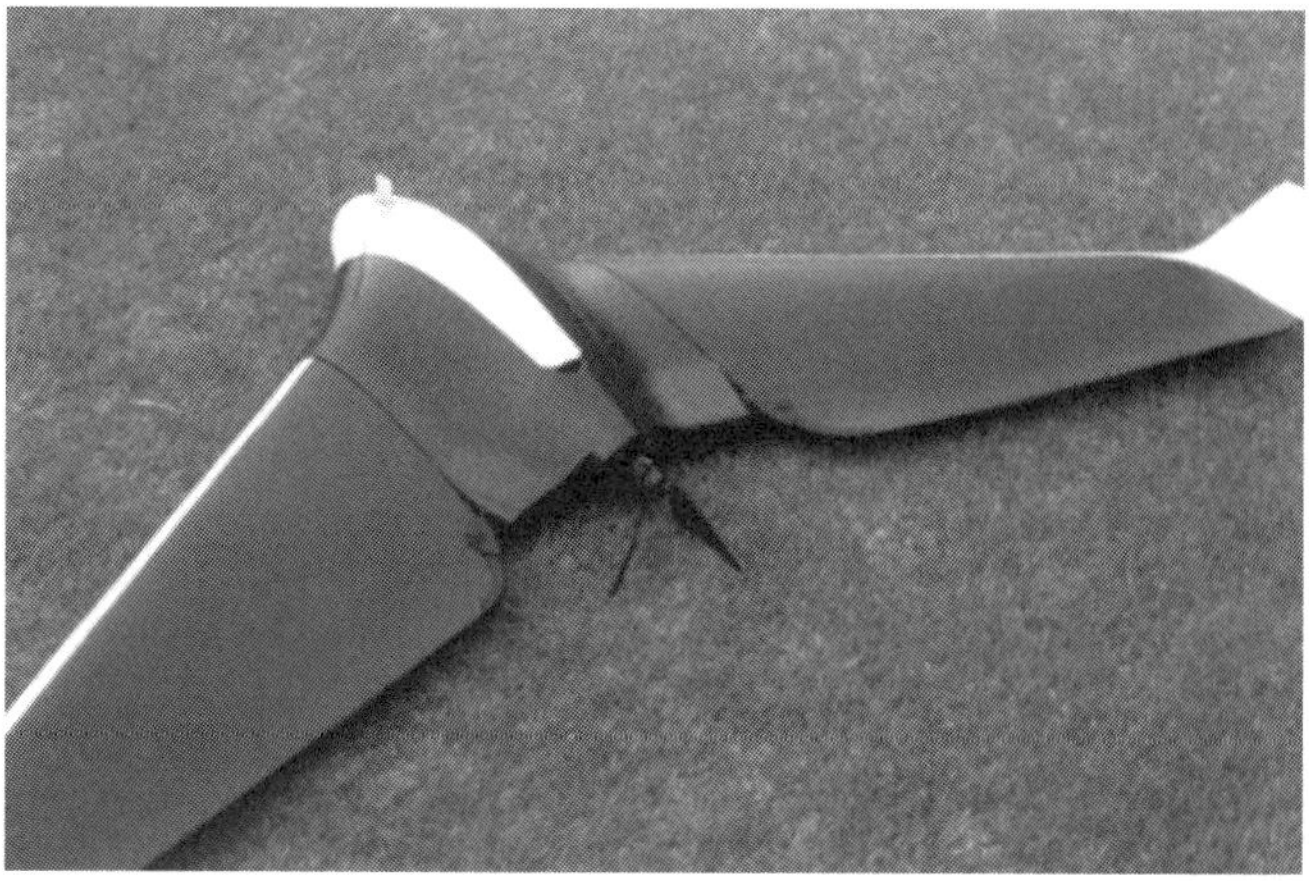

て飛行できる点です。例えば風の影響を受けやすい橋梁などのインフラ点検では、可変ピッチを採用したドローンが用いられています。

■固定翼機

固定翼機は大きな翼を持つ飛行機の形状をしたドローンで、次のメリットがあります。

- **●回転翼機よりも速く飛べる**
- **●エネルギー効率が比較的優れている**
- **●飛行が天候に左右されにくい**

固定翼機は長距離の移動や長時間の滞空に向いているため、広範囲の測量や調査などの用途に用いられます。

ただし、固定翼機は回転翼機のように垂直に離着陸することができないため、離着陸には空港の滑走路のような広いスペースが必要です。

固定翼機の中には、次に挙げるシステムで省スペースの離着陸を可能としているものがあります。

●離陸時にカタパルトランチャー（※）で射出する

●着陸時に地上のワイヤーに機体のフックを引っ掛けて機体を回収する

●着陸時にネットで機体を受け止める

※カタパルトランチャー：空圧などを用いて狭い場所から発射させる装置

しかし、これらのシステムを採用するソリューションは一部に限られるのが現状です。

また、固定翼機は高速移動できるメリットがありますが、電波や目視の距離的な制限から地上の操縦者が直接コントロールして飛行させづらいという課題があります。視界から外れた範囲で

VTOL型ドローン ｜出典:NTT e-Drone Technology

ドローンをフライトさせることは事故のリスクが高いため、注意しなくてはなりません。

目視外または電波や見通しの悪い上空で通信を行うには、携帯電話や衛星通信のネットワークの利用が必要です。

■VTOL機

VTOL（Vertical Take Off and Landing）機は近年増え始めている機体ですが、有人機ではアメリカ軍の輸送機である「オスプレイ」が一般的に知られています。

VTOL機は、垂直離着陸のできる回転翼機と高速巡航のできる固定翼機の両方の良い点を併せ持った機体であり、次のメリットがあります。

●滑走路のような広いスペースを必要としない
●長距離かつ長時間の高速移動ができる
●バッテリーや燃料の消費が比較的少ない
●ホバリングができる

このように飛行距離や速度、安全面の観点から総じて優れているのがＶＴＯＬ機です。２０２２年12月よりドローンのレベル４飛行（有人地帯での目視外飛行）が解禁となり、国内では利用率の低かったＶＴＯＬ機の普及に期待が高まっています。

例えば次に挙げる業務は、ＶＴＯＬ機の活用が期待される用途です。

●広範囲の監視・マッピング
●物流におけるラストワンマイル（客と配達物が接触する最後の接点）
●山間部や河川での業務

今後、変貌を遂げるであろうドローン業界で、ＶＴＯＬ機の開発と普及は大きく推進されていくでしょう。

②地上を走行するＵＧＶ（地上走行ドローン）

ＵＧＶ（Ｕｎｍａｎｎｅｄ Ｇｒｏｕｎｄ Ｖｅｈｉｃｌｅ）とはローバー型ドローンや陸上型ドローンとも呼ばれ、主に陸上で利用される無人地上車両を指します。

ＵＧＶのメリットは次の通りです。

- ペイロード（最大積載量）が大きい
- 低速で精密な位置決めができる
- 路面状況や障害物に左右されない

これらのメリットからＵＧＶは、多岐にわたる分野で用いられています。具体的には、物流や搬送以外にも、巡回や救助・探索、収穫などの精密さが求められる作業にも適しているでしょう。

実際すでに一部の環境下では、搬送ロボットや清掃ロボットなどが社会に定着しています。

例えばアメリカのボストンダイナミクス社が開発した四足歩行ロボット「Ｓｐｏｔ」は放射線の検出や建設の進行状況の監視に用いられています。犬のような外見ですので、印象に残る方が多いのではないでしょうか。

このように、ロボットの導入は今後も普及が進んでいくと考えられます。

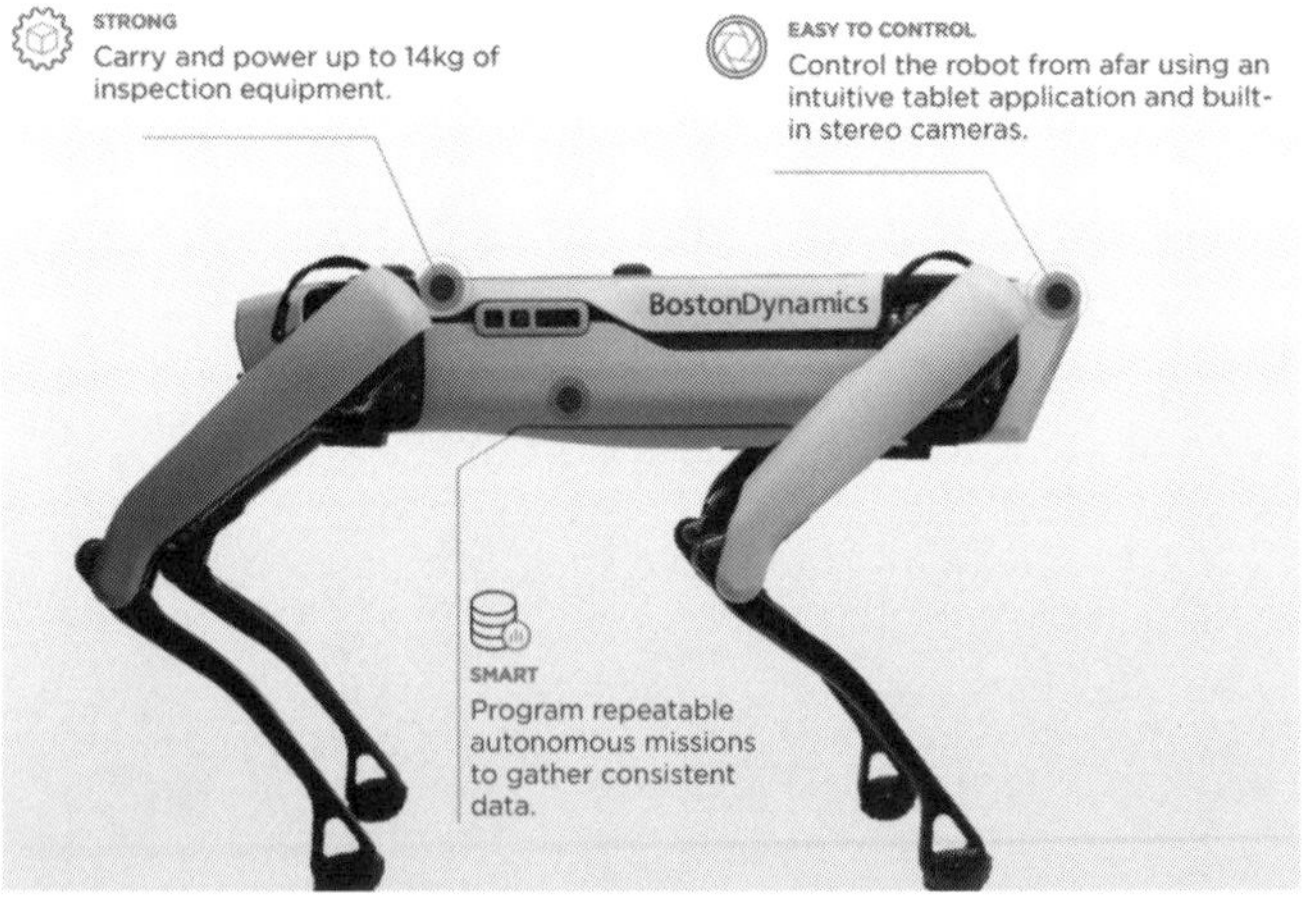
STRONG
Carry and power up to 14kg of inspection equipment.
EASY TO CONTROL
Control the robot from afar using an intuitive tablet application and built-in stereo cameras.
BostonDynamics
SMART
Program repeatable autonomous missions to gather consistent data.

Spot｜出典:Boston Dynamics

ＵＧＶの公道走行による配送サービスは、２０１９年から日本郵便やパナソニック、楽天などが実証実験を行っています。

２０１９年発足の「自動走行ロボットを活用した配送の実現に向けた官民協議会」は、自動配送ロボットが公道を走行するための規定整備に取り組んできました。

この流れで２０２３年４月、道路交通法の一部が改正され、遠隔操作によるＵＧＶの公道走行が認められています。

ただしＵＧＶを「遠隔操作型小型車」として公道走行させるには、次の条件の遵守が必要です。

●最高速度を時速６ｋｍとする

●機体のサイズを奥行き１２０ｃｍ・幅70ｃｍ・高さ１２０ｃｍとする

●歩行者と同じ通行方法を取る

●走行・操作場所やロボットの仕様などを都道府県公安委員会に届け出る

この要件を満たせば、UGVは自動配送ロボットとして本格的に社会実装されます。これまでAmazonで注文した品物は配達員が運んでいましたが、これからはドローンがあなたの家まで配送してくるようになるでしょう。

③水上を移動するUSV（水上ドローン）

USV（Unmanned Surface Vehicle）は無人水上艇とも呼ばれ、自律型（ASV）と遠隔操作型（ROSV）の2種類に分けられます。

ASVは自律型の無人潜水機（AUV）と母船または陸上基地局間の通信を中継するために用いられ

水上ドローンを活用した藻場調査に成功｜出典:KDDI

ることが一般的です。

一方でROSVは湖・河川の水深測量や海洋調査に用いられます。

ROSVによる海洋調査は、母船からの遠隔操作や事前のプログラミングで行うものです。離船から帰船までをコントローラー操作によって行うため、火山噴火や地震などの自然災害で立ち入りが危険な海域を調査するのに役立ちます。

しかし、USVの無人システムはUGVやUAVなどに比べて製造コストがかかるため、導入事例・製造数ともに比較的少ないのが現状です。

④水中を移動するROV（水中ドローン）

ROV（Remotely Operated Vehicle）は無人潜水機（UUV：Unmanned Underwater Vehicle）の一種で、水中を移動する遠隔操作型のドローンです。

ROVはコントローラーと探査機がケーブルでつながれており、電力や各種の信号を探査機に

送ることで、母船や陸上にいながらリアルタイムで海底の状況を知ることができます。

電波が伝わらない海中で、通信と電力補給を同時にでき、高出力のマニピュレーター（手の代わりに作業が行える装置）やさまざまな観測装置を搭載できる点がROVの強みです。

機種によって性能や到達できる水深は異なりますが、ROVでは母船直下の海底で回収や設置の作業が行えます。

ドローンを構成している部品

ドローンを構成している主な部品やデバイスは左表のとおりです。

ドローンを構成している部品

部品名	内容
フレーム	各種部品を搭載する機体フレームを指す。
フライトコントロールシステム	搭載されている各種センサやコントローラーからの情報を処理し、機体を制御するための信号を送る。
ジャイロセンサ	単位時間当たりの回転角度の変化を検出する。
加速度センサ	慣性運動を検出し、機体の速度の変化量を検出する。
地磁気センサ	地球の磁力を検出し、方位を測定する。
高度センサ	・高度の検出や制御に使われるセンサの総称。 ・高度を計測する気圧センサや音波の反射から高度を制御する超音波センサ、赤外線の照射から高度を計測するLiDARなどがある。
モーター	ローターを駆動する装置。
ローター	回転翼とも呼ばれ、モーターで回転する。
ブレード（プロペラ）	ローターに取り付けることで飛行を可能にする。
コントローラー	操縦者の指示を機体に伝えるための装置で、指示にはスティックやボタンを使う。
受信機	コントローラーからの信号を受け取り、フライトコントロールシステムに伝える。
バッテリー	・一般的にリチウムポリマーバッテリーが使用されている。 ・リチウムポリマーバッテリーは、エネルギー密度や電圧が高く、自己放電が少ない。
エンジン機	燃料の燃焼による動力でローターを回転させ、揚力と推力を得る装置。

ドローンを構成する主な要素は、フレーム、フライトコントロールシステム、バッテリー、モーター、ブレードです。

また、ジャイロセンサや加速度センサなどの各種センサや操縦指令を受ける受信機も、安定した飛行に欠かせません。

その他、物件を投下するための機体であれば、救命機器などを落下させたり農薬の液体や粒剤を散布したりする装置がつく場合もあります。

ドローンの基本操作方法

ドローンの基本的な操作はコントローラーの左右にある2本のスティック（右手用・左手用）によって行います。

スティックによる制御では、機体の「上昇・下降」、「前進・後進」、「右に移動・左に移動」、そして「右回転・左回転」の4種類の動作が可

呼び名	スティックの操作
スロットル	前に倒すと上昇、後ろに倒すと下降
エレベーター（ピッチ）	前に倒すと前進、後ろに倒すと後進
エルロン（ロール）	右に倒すと右に進む、左に倒すと左に進む
ラダー（ヨー）	右に倒すと右に回転、左に倒すと左に回転

能で、それぞれの動きはスロットル、エレベーター、エルロン、ラダーと呼ばれます。
また、国内と海外ではドローンのコントローラーの種類が違っており、それぞれモード1、モード2と呼ばれています。2種類のモードの基本操作方法をまとめると、次の通りです。

【モード1】

スティックの動き	左スティック	右スティック
前後	エレベーター（機体の前進・後進）	スロットル（機体の上昇・下降）
左右	ラダー（機体の右回転・左回転）	エルロン（機体を右に移動・左に移動）

【モード2】

スティックの動き	左スティック	右スティック
前後	スロットル（機体の上昇・下降）	エレベーター（機体の前進・後進）
左右	ラダー（機体の右回転・左回転）	エルロン（機体を右に移動・左に移動）

ドローンのコントローラー

表を比較すると分かるように、モード1とモード2では、左右のスティックが担当するスロットルの制御が逆になります。

モード2は右スティックの前後の操作が機体の前進・後進に紐づくので、直感的な操作がしやすい方法です。実際に日本以外の多くの国では、ドローンの操作にモード2が採用されています。

一方で、日本のラジコンヘリにはモード1が採用されており、日本語の参考書や雑誌に記載されているのはモード1の操作方法が多めです。

購入するなら日本製のドローンと決めていたり、国内のラジコンヘリチームに所属する予定があったりする場合は、モード1を取り入れてみてもよいでしょう。

なお一部のドローンはスマートフォンアプリでの操作が可能です。

第2章

ドローンの飛行法規

国内外のドローンの法律・規制

ドローンのフライトについては、さまざまな法規制が存在します。「法律のことなんて全然知らないし、難しそう」と感じる方も多いと思いますが、ここでは法律に関する専門的な話をしたり、条文を掲載したりしませんので、ご安心ください。ドローンの使用にあたって、具体的にどのような行為が禁止されているのかを詳しく見ていきます。

国内のドローンの法律・規制について

ドローンは新しい分野ですので、法規制も近年になって整えられるようになりました。関連する日本の法律をまとめてご紹介しましょう。

1 航空法

無人航空機（ドローン）だけではなく、旅客機やヘリコプターも含めた航空機に関する法律です。この法律では、ドローンを「人が乗り込めず、遠隔・自動操作でき、重量が100グラム以上」と定義しており、ドローンの機体の飛行規制、飛行計画の提出、保険の加入、違反時の罰則などを定めています。

2 小型無人機等飛行禁止法

ドローンなどの飛行についての法律で、飛行禁止区域が設定されています。100グラム未満の航空機も対象です。

禁止区域内での飛行には罰則があり、一定の例外規定がある場合でも、事前に都道府県考案委員会に通報する必要があります。

3 電波法

無線LANやスマートフォンと同様、ドローンでも電波を利用します。ドローンの飛行時は、法律で許可された範囲内で電波を使わなくてはならず、使用する周波数帯によっては無線局免許と無線従事者資格が必要です。

また、ドローンの飛行は近くにある電波設備に影響を与えてしまう恐れがありますので、飛行の許可を取らなければならないケースもあります。

4　その他の条例等

航空法、小型無人機等飛行禁止法、電波法以外に、地方公共団体が定める条例でドローンに関する規制を設けている地域があります。ドローンを飛ばす前に、その地域の定める条例のチェックが必要です。

ドローン使用時の注意点

ドローンには航空法などが根拠となっている、さまざまなルールがあります。例えばドローンを飛ばしてもよい時間帯や場所には限りがありますし、同じ時間・場所に飛ばす場合でも、上空から物を落下させる目的での飛行であれば事前承認が必要になるのです。

ここからは代表的な禁止項目、注意点を見ていきましょう。

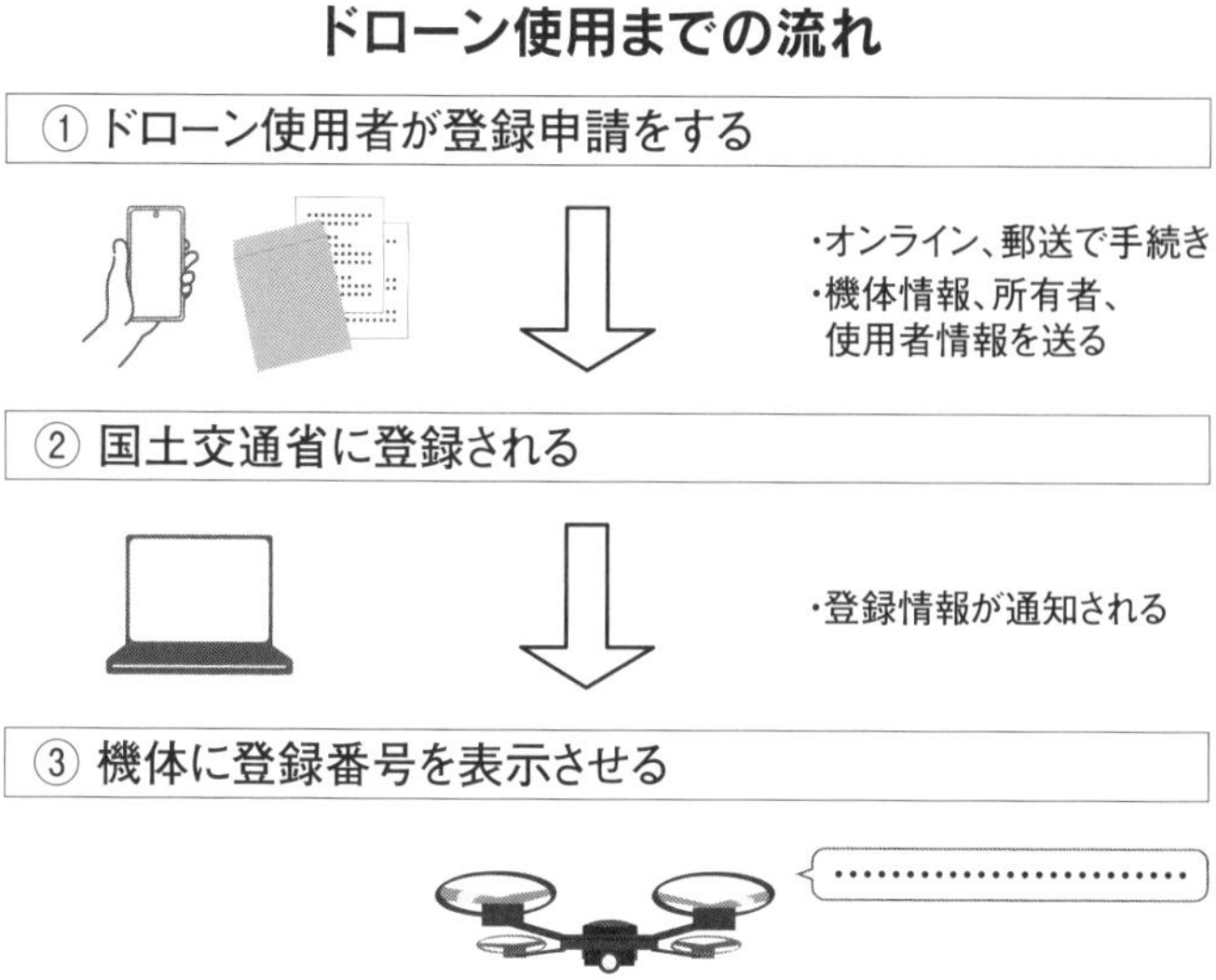
ドローン使用までの流れ
① ドローン使用者が登録申請をする
・オンライン、郵送で手続き
・機体情報、所有者、使用者情報を送る
② 国土交通省に登録される
・登録情報が通知される
③ 機体に登録番号を表示させる

1 機体登録、リモートID機能が必要

２０２２年６月から航空法が改正され、ドローンの所有者は国土交通省への機体登録が義務化されました。

対象となるのは１００グラム以上の機体です。登録が完了したドローン本体には登録記号が付与され、有効期間は３年間。登録時には所有者の氏名と住所、機体の種類や製造者、製造番号などを告知します。

この登録制度が導入された背景は、ドローンの利用が増加するのと同時に、事故や無許可での飛行が相次いでいる点です。国が機体の所有者を特定し、必要な対策を講じるための措置が必要だと考えられたため、ドローン所有者に登録が求められるようになりました。

また、登録記号の表示に加え、リモートID機能も機体に備えなければなりません。リモートIDとは、遠くからでも機体の情報を把握できるようにするための発信機です。リモートIDを利用して分かる情報は次の通り。

静的情報……「無人航空機の製造番号」「登録記号」

動的情報……「位置」「速度」「高度」「時刻」など

このように登録記号とリモートID機能を備え付けることで、機体の所有者や使用者を把握できますし、事故の原因究明や安全確保に役立てられます。そのためドローンを手に入れた時は、飛行させる前に必ず手続きを済ませましょう。

2 飛ばせる時間と目視確認

ドローンの飛行には、時間帯や目視に関する規制があります。

まず、飛ばせる時間帯は日中が原則であり、日没後から日の出前までの間は飛行が禁止されています。夜間は日中と比べて、機体の姿勢や進行方向の視認が難しくなるためです。十分にドローンの様子を確認できない状態で飛ばしてしまえば、近くの家や自動車、電線などのような周囲の物と接触事故を起こしてしまうリスクが上がります。

夜間の飛行をするには事前に承認を取らなくてはなりません。夜間飛行の承認を得た場合は、ドローンに灯火を搭載し、さらに操縦者の手元で位置や高度、速度などの情報が把握できる送信機を使い、ドローンの様子を確認できるようにします。

また、ドローンの飛行には目視確認が必要です。操縦者は常にドローンを目視で見るようにし、機体が視界の範囲から外れないようにしましょう。

例えば、飛行中にドローンが森林や建物に隠れ、見えなくなってしまうようなケースもあり得ますが、目視できなくならないように操縦する必要があります。

他にも鉄道車両や自動車などが通ることで、機体を確認できなくなる可能性もありますので、それらの速度と方向も予想して、常に必要な距離（30ｍほど）を保てるように飛行させます。

なお、操縦者の目視確認ができない状態でドローンを飛ばす時も、事前承認が必要です。目視外飛行時は、操縦者とは別に補助者を用意し、周りの安全を確認できるようにします。加えて、ドローンの高度や速度、位置、不具合などの状況を地上で把握できるように、カメラなどの操縦装置を機体に取り付けなくてはなりません。

3　天候は飛行における重要なポイント

ドローンの飛行は天候に左右されやすいという特徴があります。例えば、強風によって機体が煽られて操縦できなくなったり、濃い霧が発生したら目視確認が困難になったりするので、天候はドローン飛行において重要な要素です。

天候が悪い時にドローンを動かせば、事故につながる可能性があるので注意しましょう。実際に２０２１年９月、空撮のために飛行していたドローンが風を受けて墜落し、紛失した事例があります。この事例では、負傷者の発生や第三者の物の破損といった被害はありませんでしたが、周囲の状況によっては事故に発展するリスクもあったでしょう。

そのため、ドローン操縦者は天気の情報を収集し、天候を見極める必要があります。事故を防ぐために飛行時間を短くすることや、飛行を中止する判断も大切になるでしょう。

４ 空域制限

航空法ではドローンが飛べる空域について制限しています。その空域の制限は次の通り。

① １５０m 以上の高さの空域

② 空港などの周辺

③ 緊急用務空域

④人口集中地区の空域

まず1番目は高度が150mまでと決められている点です。この高度は、地表もしくは水面からの差を指します。そのため、山岳地などのように起伏の激しい地形でドローンを飛ばす場合、気付かないうちに150m以上の高度に達してしまう可能性があるので、注意しましょう。

ただし、高度150m以上であっても、建物から30m以内の範囲であれば、禁止空域から除外されます。図のように、建物の頂点から30mまでの空域については、例外的にドローンを飛ばすことができるのです。

※150m以上上空での飛行以外の許可・承認は必要

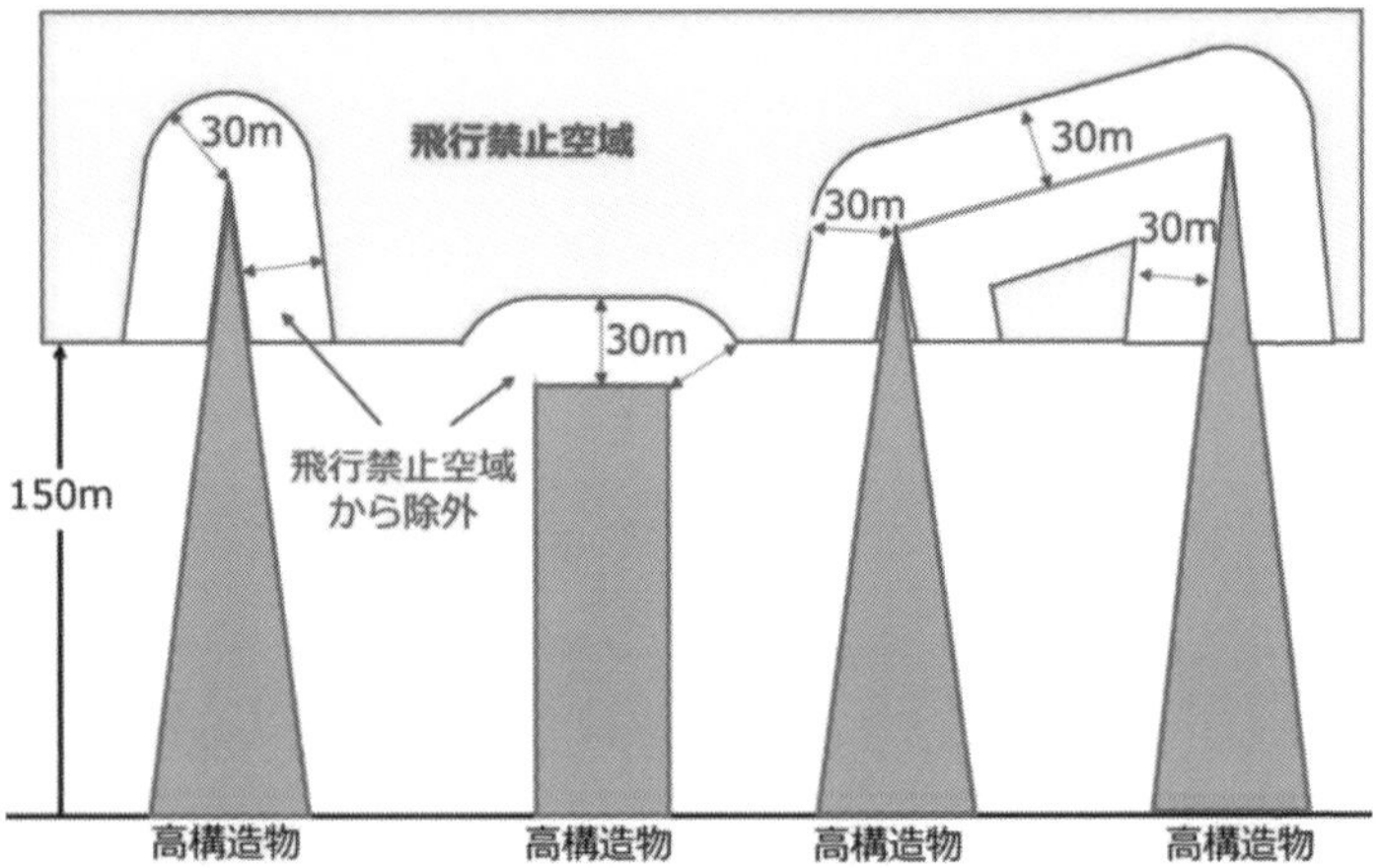

出典:国土交通省

2番目は空港などの周辺であり、一部の空域を除いてドローンの飛行は禁止されています。過去に空港付近でのドローン飛行が確認されたことで、国際空港が一時的に閉鎖されるような事態になったケースがあります。

海外ではドローンが攻撃・偵察目的で使われる事例もあるため、ドローンの飛行がテロを想定させることもあるのです。

航空法で定められている以外に、禁止されているエリアは次の通りです。

・国の重要な施設（国会議事堂、首相官邸、皇居など）の周辺
・外国公館の周辺
・原子力事業所の周辺

3番目は緊急用務空域です。緊急用務空域とは、災害などが発生した時に防衛省、警察庁といった機関が飛行する範囲を指します。

例えば山火事が発生した場合、消防隊が消火のために駆けつけなければならないので、その現場は緊急用務空域に指定され、ドローンを飛ばすことができなくなるのです。

緊急用務空域は国土交通省のウェブサイト・Ｔｗｉｔｔｅｒで調べられるので、ドローン飛行前に確認するようにしましょう。


４番目は人口集中地区の空域です。人口集中地区とは、国勢調査によって一定の基準を超えた地域を指し、人口や家屋が密集しているエリアのことをいいます。そのような場所でドローンが墜落したり、どこかに激突したりすると被害が大きくなるリスクがあります。

ドローンを飛ばしたい場所が人口集中地区であるかどうか知りたい時は、航空局のウェブサイトでチェックできます。

ドローンの規制対象となる特定飛行とは

２つ目の注意点で解説したような夜間飛行や目視外飛行、そして４つ目に解説した禁止空域でドローンを飛ばす行為は「特定飛行」と呼ばれ、事前に許可・承認が必要になります。

特定飛行に該当するのは、次の通りです。

【規制対象となる飛行空域】
1　150m以上の高さの空域
2　空港などの周辺
3　緊急用務空域
4　人口集中地区の空域

【規制対象となる飛行方法】
1　夜間飛行（日没後から日出まで）
2　操縦者の目視外での飛行（目視外飛行）
3　第三者または第三者の物件との間の距離が30メートル未満での飛行
4　祭礼、縁日、展示会など多数の者の集合する催しが行われている場所の上空での飛行
5　爆発物など危険物の輸送

6 無人航空機からの物件の投下

このように特定飛行であるかどうかは、「どこで飛ばすか」と、「どのように飛ばすか」で決まります。

こうした飛行方法はドローン所有者であれば誰でもできるわけではありません。特定飛行をするには、国土交通省から飛行の許可・承認を受ける必要があります。

なお、無人航空機操縦者技能証明（国家資格）と機体認証を受けた機体があれば、一部の許可・承認が不要になります。

海外のドローンの法律・規制について

海外でも多くのところでドローンの導入は進んでおり、日本よりも早く法整備をしている国があります。

例えばオーストラリアは2002年に世界で初めてドローン関連の法律を制定しており、同じ年にイギリスもヨーロッパで最初に法整備しました。次いでドイツ、フランス、カナダ、ニュージーランド、バハマ、UAE、シンガポールとドローン関連のルールを定め、そして日本は2015年12月10日法律を施行しています。

また、国際民間航空機関であるICAOもドローンの規制を強化しました。ICAOはもともと加盟国や地域団体と共に航空業界の安全・環境保全のために活動してきた組織であり、近年になって同じ航空機であるドローンについての取り決めも作りました。2015年にはドローンを安全に飛行させるためのガイドラインをまとめ、2021年には航空機の安全基準を定める「シカゴ条約」もドローンの内容を含めたものに改定されています。

「無人航空機操縦者技能証明」はドローンの資格

ドローンには無人航空機操縦者技能証明という資格があります。2022年12月にできたばかりの新しい資格なので、ドローンに関心があっても知らない人は多いのではないでしょうか。

この資格は「無人航空機操縦者技能証明制度」という制度に基づいており、ドローンを飛ばすために必要な知識や能力を国が証明します。

ドローンの資格制度が作られた背景は、ドローンが普及していくにつれて、事故やトラブルの件数も増えた点でした。国は安全確保のための施策として、資格制度を整備したのです。

技能証明を受けるためには、国が指定した民間試験機関による学科試験と実地試験、そして身体検査に合格する必要があります。

学科試験は国土交通省が発行する「無人航空機の飛行の安全に関する教則」についての内容が出題され、ドローン飛行で大切になる知識力を問われるテストです。コンピューター上で選択問題や記述問題が出題され、解答していく形式となっています。

実地試験はドローンを飛ばすテストであり、機体ごとに分けて実施されます。機体の種類は回転翼航空機（マルチローター）、回転翼航空機（ヘリコプター）、飛行機の3つ。

例えば「高度3・5メートルまで上昇し、5秒間ホバリングする」、「8の字に飛んで着陸する」などのように、一定時間内に決められた通りに機体を動かせることをテストします。

ドローンの実地試験の具体的な内容は、第5章で詳しく解説しています。

加えて試験では、ドローンの飛行に関する判断力もテストされます。具体的には、

- **飛行計画書を正しく作成できるかどうか**
- **飛行前に機体のネジやコネクタのゆるみがないかをチェックできているか**
- **飛行前の周囲の状況や天候を見て飛行可能かを判断できるかどうか**

などがポイントとなります。

技能証明は一等無人航空機操縦士と二等無人航空機操縦士の2つの資格に区分され、いずれも有効期間は3年。自動車の免許と同様、更新が必要です。

飛行計画書とは

第2章の最後に、ドローン飛行に欠かせない飛行計画書についても解説します。

飛行計画とは、安全な飛行の確保をする上で必要になります。また特定飛行を行う際には飛行計画の通報が必要になります。

飛行計画の通報はドローン情報基盤システム（DIPS 2・0）から通報します。

ドローンの飛行方法は3つのカテゴリーに分けられており、そのうち2つのカテゴリーは特定飛行に当たるため、無人航空機操縦士の資格と承認が必要です。国土交通大臣からの許可・承認もしくはカテゴリーに応じた機体認証を受けた機体と無人航空機操縦者技能証明が必要になります。

ドローンの飛行カテゴリーは次の通りです。

【カテゴリーⅠ】

特定飛行に該当しない飛行が「カテゴリーⅠ飛行」です。この場合、航空法上の手続きなしで飛行できます。

【カテゴリーⅡ】

ドローンの飛行経路下で、ドローンの操縦士と補助者以外の人物が立ち入らないように対策した上で特定飛行することを「カテゴリーⅡ飛行」と呼びます。

さらにカテゴリーⅡ飛行は次の2つに分類されます。

・カテゴリーⅡA飛行：空港周辺、緊急用務空域、高度150m以上、催し場所上空、危険物輸送及び物件投下、最大離陸重量25kg以上の無人航空機の飛行

・カテゴリーⅡB飛行：カテゴリーⅡA飛行以外のカテゴリーⅡ飛行

例えば、ただ夜間飛行だけを行う場合は特定飛行ですのでⅡB飛行であり、もし夜間飛行時に高度150mを超えてドローンを飛ばす場合は、ⅡA飛行です。

【カテゴリーⅢ】

補助者によって他の人物が立ち入らないような措置を一切取らずに特定飛行するのをカテゴリーⅢと呼びます。最もリスクが高い飛行であり、安全確保のために最も厳格な手続きが必要です。

第3章

ドローンビジネスの展望

ドローンが活躍する場面

本書の冒頭で、ドローンが幅広く導入されていることをお伝えしましたが、実生活でドローンを見かける機会はほぼないと思いますので、「どんなところで使われているの？」と気になる人も多いのではないでしょうか。

この章では、ドローンが導入されている場面や市場規模、将来性などについて詳しく解説します。これからドローンを使った事業を始めたい人にとっては、ビジネスアイデアの参考になるでしょう。

ドローンは高いところへの飛行はもちろん、軽量かつ小型であることから、飛行機やヘリコプターなどの航空機では難しかった数mから数十mという低い高度でも対象へ接近できます。また、自律飛行が可能であり、効率的なデータ収集やルートの繰り返し飛行が容易です。このようなドローンの特性により、従来アクセスが難しかった環境での点検や調査、そして少ない人手でしかできなかった作業や危険を伴う作業などをドローンが代替できるので、安全性の向上やコスト削減、作業効率向上が期待されています。

ドローンの役割は撮影・作業・データ取得の3つに大別され、次のような場面で活用されています。

・撮影型ドローン

映画やCM、テレビ番組の映像の撮影、不動産や観光名所の空撮などでの利用

・作業型ドローン

商品や医薬品、災害時の物資輸送、資材や苗木の運搬用途のほか、農薬や肥料の散布、ソーラーパネルや外壁の洗浄などでの利用

・データ取得型ドローン

空中からのデジタルセンシングによってさまざまなデータを収集し、地形などの測量・測定、農業分野における生育状況や病害の発生場所の把握、収穫時期や収穫量などの予測、インフラ点検、生態調査などでの利用

国内外のドローンビジネスの市場規模

ドローンビジネスには多種多様なビジネスモデルがありますが、市場タイプによって3つに分類できます。

①サービス市場におけるビジネス

農林水産業、土木・建築、点検、空撮、輸送・物流、警備など、ドローン機体を活用した業務を行うビジネスです。各業界での活躍事例については第4章でお伝えします。

②機体市場におけるビジネス

用途に向けて開発されたドローン機体など、機体そのものの販売に関わるビジネスです。

③周辺サービス市場におけるビジネス

バッテリー等の消耗品の販売、定期メンテナンス、人材育成や任意保険等が該当します。

それぞれのビジネスの市場規模を、国内・海外に分けて見ていきましょう。

まずは国内市場から見ていきます。インプレス総合研究所の資料によれば、2022年度の日本国内のドローンビジネス市場規模は2021年から778億円増加の3086億円（前年度比33・7％増）でした。また、2023年度には3828億円に拡大し、2028年度には9340億円に達するとされています。年間平均成長率に換算すると年20・3％増加することになり、今後も市場規模は拡大していく見込みです。

分野別で見てみると、2022年度はサービス市場が最も大きい市場で、前年度比38・4％増の1587億円となりました。次いで機体市場は848億円、周辺サ

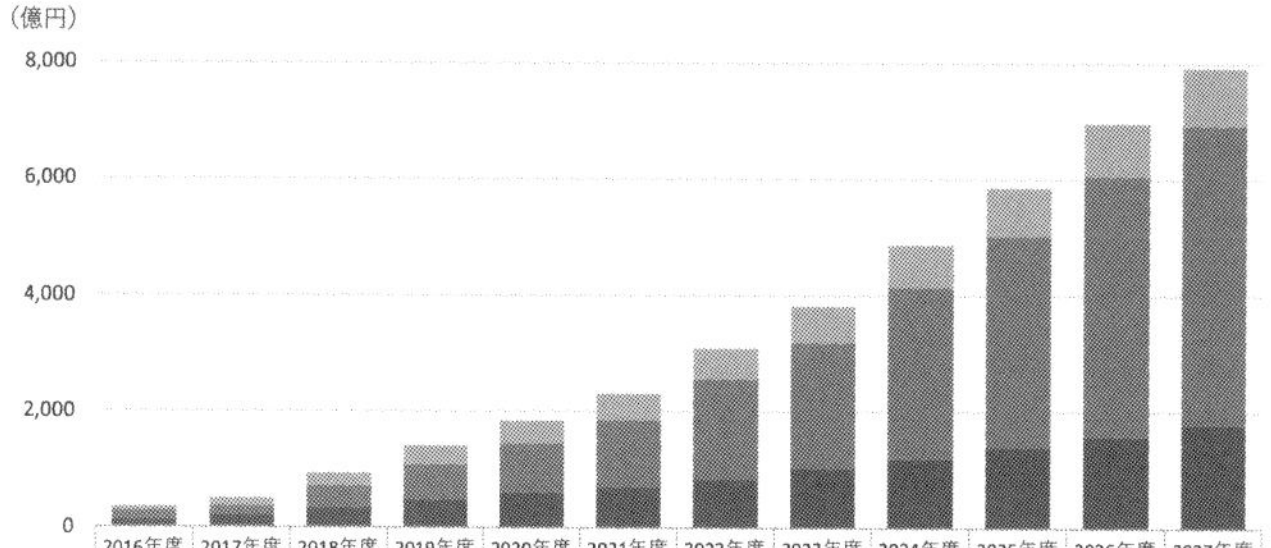

	2016年度	2017年度	2018年度	2019年度	2020年度	2021年度	2022年度	2023年度	2024年度	2025年度	2026年度	2027年度
合計	353	503	931	1,409	1,841	2,308	3,099	3,822	4,875	5,861	6,967	7,933
周辺サービス	65	138	224	326	405	468	540	632	731	831	907	998
サービス	154	155	362	609	828	1,147	1,726	2,168	2,948	3,640	4,476	5,147
機体	134	210	346	475	607	693	833	1,021	1,197	1,390	1,584	1,788

ドローンビジネス調査報告書2023 | 出典:インプレス総合研究所

ービス市場は652億円で、各市場とも今後も拡大が見込まれています。

3つの分野の中でもサービス市場は活躍の幅が広いため、ドローンビジネスに関心のある人は、この分野で事業の計画を立ててみると良いのではないでしょうか。

一方で海外の市場規模も見ていきましょう。

IMARC Groupのレポート「ドローン市場：世界の産業動向、シェア、規模、成長機会、2023-2028年予測」によると、世界のドローン市場は2022年に248億米ドルに達し、今後、2023年から2028年の間に12.4%の成長率（CAGR）を示し2028年には481億米ドルに達すると予測されています。年間の成長率を見てみると、世界と比べて日本は市場拡大のスピードが速めであると分かりますね。

ドローンビジネスの将来性

これまで説明してきたように、国内規模で見ても世界規模で見てもドローン市場は拡大の一途を辿るとされています。国内においては政府が「空の産業革命」と銘打ってドローンのビジネス利用を推進するべく、制度の制定や技術開発、環境整備等を行ってきました。

そして2022年12月の法改正により、ついにレベル4飛行（有人地帯での補助なし目視外飛行）が制度上可能となりました。これは、長距離・広域での活用を前提としたドローンビジネスの実装化への弾みとなる大きな出来事と言えます。今後も、ドローン活用による便利で快適な社会への実現に向けてさまざまな取り組みがなされていくでしょう。

以下では各市場での将来性について説明します。

サービス市場の将来性

すでに解説した通り、サービス市場・機体市場・周辺サービス市場の3つの市場の中で最も大きく、成長も最も期待できるのがサービス市場です。国土交通省はレベル4飛行の実現によって次のような未来が実現するとしています。

●スタジアムでのスポーツ中継や、写真・映像撮影のための空撮

●市街地や山間部、離島などへの医薬品や食料品の配送
●災害時の救助活動や救援物資輸送、被害状況の確認
●橋梁、砂防ダム、工場設備などの保守点検
●建設現場などの測量や森林資源調査
●イベント施設や広域施設、離島などの警備、海難捜索

また、インプレス総合研究所の資料によれば、国内サービス市場のどの分野も市場規模は拡大していきますが、点検と物流の分野の伸び率が特に大きい見込みです。その他には日本では2022年頃からビジネスとして本格化し始めた「ドローンショー」が新しいビジネスモデルとして注目を集めており、今後大きく伸びていくことが期待されています。

各業界で今後拡大・実現することが予測されるビジネ

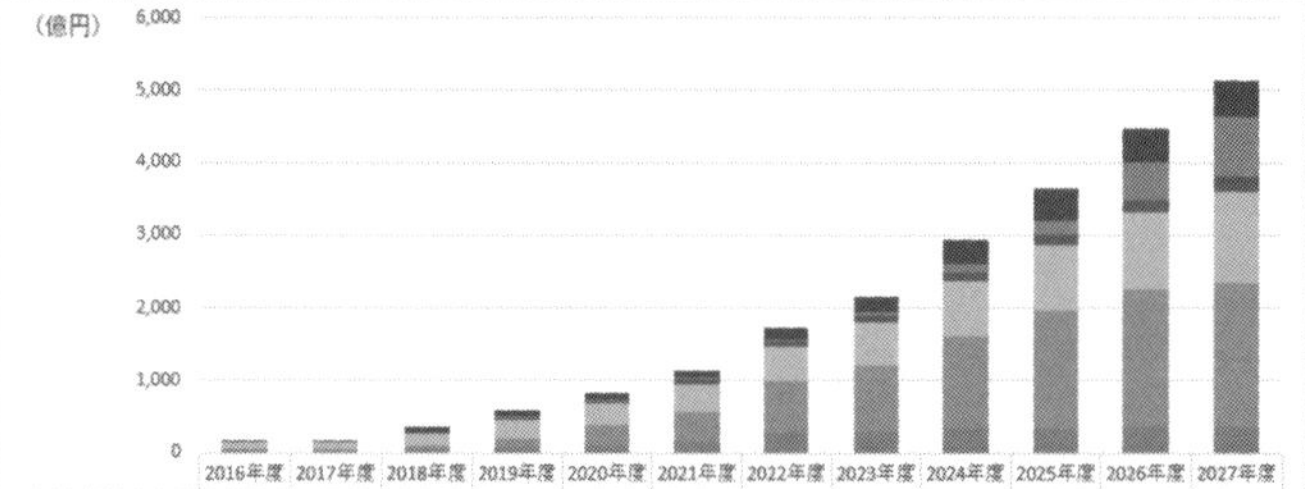

	2016年度	2017年度	2018年度	2019年度	2020年度	2021年度	2022年度	2023年度	2024年度	2025年度	2026年度	2027年度
その他サービス	0	4	72	110	92	112	149	215	343	431	469	506
物流	0	0	5	15	15	16	27	44	122	209	517	830
防犯	0	0	10	20	32	56	80	96	116	139	167	200
農業	110	108	175	260	315	399	478	597	764	900	1,062	1,258
点検	2	5	43	115	279	420	719	915	1,276	1,620	1,913	1,993
土木・建築	30	23	36	60	67	106	221	228	242	249	257	267
空撮	12	15	21	28	28	39	51	73	86	91	92	93

ドローンビジネス調査報告書2023｜出典:インプレス総合研究所

『Take Off Anywhere』プロジェクトが国産ドローンポートを発表｜
出典：VFR株式会社

スの具体的事例については次章で説明します。

機体市場の将来性

機体メーカーは、すでに各メーカーが点検や測量、農業、物流など各産業分野で利用可能な機体を製造していますが、これからは今まで以上に技術や耐久性に優れた機体の開発・製造が行われていくでしょう。

一部の機体メーカーはドローンの離着陸や充電を自動で行ったり、ドローンで取得したデータをクラウド等にアップロードしたりする「ドローンポート」を提供し始めています。今後このドローンポートの普及が欠かせない存在になると見られ、機体市場の成長を後押しすると予測されています。

また、法改正後の機体認証制度に対応したドローンが増える見込みです。レベル4飛行に欠かせない第一種機体認証に加えて、多くの利用者にとって操縦者技能証明との組み合わせで許可・承認を省略することができる第二種機体認証のドローンが登場すると見られ、機体市場は引き続き拡大していくでしょう。

周辺サービス市場の将来性

無人航空機操縦者技能証明制度の開始に伴い、スクール事業が活発になると予測されます。また、ドローンの産業利用が進むにつれて、バッテリー等の消耗品や定期的なメンテナンス、業務環境に即した保険のバリエーションが増加するでしょう。

周辺サービス市場は機体市場やサービス市場が拡大する限り、それに付随して引き続き成長していくと予想されます。

中でも、第三者の上空を長距離にわたって飛行するレベル4飛行には欠かせない気象情報提供サービスや、それによって得た情報によるルート変更や運行の見送りといった提案サービスなどもますます求められるようになるでしょう。

国内ドローンビジネスの課題

ドローン市場の拡大の勢いに乗り「ドローンビジネスを始めてみたい！」と感じている方もいるかもしれませんが、いくつか問題点も残っています。

ドローンは新しい産業ですので、新たな法規制や課題に直面するケースは、今後も多いと予想されます。ここでは近年議論になっているドローンビジネスの課題について解説しましょう。

①レベル4でのドローン飛行における安全性の確保

有人地帯での目視外飛行というレベル4での飛行が法律上可能となり、点検や物流をはじめとしたドローン利用の広がりが期待されていることはこれまで述べてきた通りです。

一方で飛行途中に制御不能になった、人と接触して負傷させた、物件に接触して破損させた等のドローンに関するアクシデントがこれまでに確認されていることは見逃せない問題点です。

報告義務が任意であった2020年度は71件、2021年度は139件もの事例が国土交通省に報告されています。

２０２２年12月5日からは、事故または重大インシデントが発生した場合の報告制度が義務化されました。新制度下での２０２２年度（２０２２年12月5日〜２０２３年3月31日）は17件報告され、止まっていた車両にドローンが衝突した事例と走行中の車両にドローンが落下した事例の2件が事故事例として報告されています。また、事故よりも程度が軽いとされている15件の重大インシデント報告のうち、４件は人がドローンによって負傷した事例として報告されています。

レベル４飛行を現実のものとしビジネスを拡大していくためには、ドローン飛行の安全性が確保されていることが絶対であり、これらの事故または重大インシデント事例は重く受け止めなければならないでしょう。

レベル４でのドローン飛行における安全性の確保をするためには、以下のような課題を解決しなければなりません。

●ドローン機体の耐久性改善や技術開発

もともとドローンはホビー用途のものの延長として生まれたという背景があり、耐環境性能や耐久性といった要素が設計段階から組み込まれて製造されている機体が多くありません。

今後は航空機や自動車のように製品寿命などを踏まえた設計の機体を増産していく必要があると言えるでしょう。その上で、各産業の要求に応じた機体開発、長時間飛行やペイロード（最大積載量）拡大、非GPS環境下での位置制御や安定性向上、機体認証制度への対応などが求められます。

●運航管理システム（UTM：UAS Traffic Management）の技術開発や航空証明等のインフラ・制度整備

運航管理システムとは、他のドローンも含めた周囲の状況や、気象状況等さまざまな情報を集約して操縦者に提供したり、時には運航を整理したりして、ドローンの運航を円滑にするためのシステムです。

今後、空域での密度が高くなっていくに従い、高性能のシステムが求められるため、これに関する技術開発も大きな課題となっています。また、航空証明等のインフラや制度も引き続き整備をしていく必要があります。

●社会実装を担う事業者の発掘

操縦者だけでなく安全管理者、運航管理者などの人的品質の向上や業種ごとに異なる飛行やデータ取得方法、解析方法に対応できる人材育成なども必要です。

●ドローン飛行に対する「社会受容性向上」

遠くない将来、特に都市部においてもドローン飛行をしようとした場合には地域住民を含む第三者の頭上をドローンが飛行していくことが必要となる可能性が高いといえます。

たしかに、上空で鉄の塊が飛んでいると、落ちてきた時のことをイメージすると怖いですよね。

一般社会にこういった光景が抵抗なく受け入れられるために、ドローン飛行に対する安心感や信頼感を作り上げていくことが必要です。

② 情報セキュリティの確保

ドローンのビジネス利用が拡大する中で、対策が急がれているのが情報セキュリティの確保です。データを取得し、それをさまざまな産業用途で活用するためのツールとしてドローンが活用されるようになっていること、また、飛行ログや自動航行のための飛行計画データなどは、GCS（Ground Control Station）からインターネットを介してクラウドやサービス拠点とやりとりを行っていることからセキュリティ対策は必須といえます。

一方で、ハッキングやデータの改ざん、なりすまし、ウイルス感染等への対策が現行のドローンシステムや運用方法ではほとんど行われていないといえる状況のため、既存のセキュリティ技術をドローンが必要とするセキュリティ要件に対応させる等、ドローンの情報セキュリティに関する課題への解決が求められています。

③ドローンによる犯罪等への対策

従来は空からの犯罪は大掛かりな準備を要するものでしたが、ドローンの発展・普及によって、空を利用した犯罪や迷惑行為が容易なものとなってしまうことが懸念されています。

日本でも2019年5月、天皇即位関連行事の前後に、飛行が禁止されている都心上空でドローンのような飛行物体を発見したという事例が多数報告されたり、空港付近でドローンのような飛行物体が確認されたことにより空港閉鎖等への事態に発展した例があります。

2022年6月に機体登録制度が施行され、リモートIDによる飛行中のドローンの監視が始まりましたが、ドローンを道具とした犯罪等を制度だけで防ぐには不十分と言えるでしょう。

そのため、悪意を持って使用されるドローンを識別したり無力化したりする、いわゆる「アンチドローン」のニーズが高まっています。アンチドローン技術の向上も課題ですが、そのような技術を使用するにも捕獲や撃墜などの法的根拠が明確でなく、根拠や権限の制度化などの課題もあります。

第4章

さまざまな業界で活躍するドローン

【12業種別】ドローンビジネスの可能性

それでは、ドローンは各業界でどのような役目を果たしているのでしょうか？　第3章では、ドローンが活躍するのはサービス市場と機体市場、そして周辺サービス市場であるとお伝えしました。その中でも、第4章ではサービス市場にフォーカスし、12業種別にドローンの導入事例を見ていきます。

なお、周辺サービス市場の一つである「ドローンスクール」については第5章にて詳しく解説していきます。

また、ドローンビジネスには、研究の段階から実用化の段階までのロードマップがあり、基礎・調査研究中の「研究フェーズ」、技術開発から実証実験にシフトし始めている「開発フェーズ」、そして商用・実用化を開始し、普及していく「事業化フェーズ」の3ステップがあります。

ここでは開発・事業化フェーズの事例がメインになります。

①農林水産業

農林水産業でのドローンの利活用状況は、次の通りです。

農業

- 農薬・肥料散布
- 種まき
- 受粉
- 農地内搬送
- 精密農業（気候・農作物の状態などを観察・データ管理して、生産性・品質の向上をはかる管理手法）
- 害獣対策

水産業

●漁網・養殖いかだの見回り・点検
●いけすへの餌まき
●赤潮被害の調査

林業

●里山保全管理
●材積（立木・丸太・製材品の体積などのこと）などの森林調査
●苗木の運搬

農業

農業分野については、精密農業や害獣対策はまだ実証実験中であり、開発フェーズの段階です。

現在最も普及が進んでいるのは、事業化フェーズに入っている農薬・肥料散布のドローンの利活用です。

従来、農薬・肥料散布は無人ヘリコプターで行われていました。しかし、ドローンの方が無人ヘリコプターよりも低コストで取扱いも簡単です。

2019年度には「空中散布等による無人航空機利用技術指導指針」が廃止されました。こちらの指針には、目視によって常時ドローンを監視できない場合は国土交通大臣の許可や承認が必要になるなど、ドローンのメリットである自動操縦を阻む規制が記載されていました。この指針が廃止され、参入のハードルが下がったこともドローン普及の追い風となりました。

実際に2019年度から2020年度にかけて、農薬散布用ドローンの普及数が約2倍に増えるなど、普及が進んでいます。

また、日本の農業には人手不足や、その影響でスキルや知識を継承する人がいなくなり、産業が衰退し始めているという問題点があります。

こうした課題に立ち向かい、農業を産業化させるためにドローンを使用したデータ収集や分析が進められているのです。

ドローンによって収集されたデータは、必要な場所に適切な農薬を散布するなど、農業の合理化に活用されています。

これまで農業従事者の「経験や勘」に頼っていた部分も、ドローンで生産工程を見える化することで知識の言語化が進みます。そうした知識は、後継者の育成に活かせるでしょう。

ビジネスとしての農薬・肥料散布のドローン活用方法としては、農家自身がドローン購入・農薬散布するパターンと、外注のサービス事業者が散布するパターンがあります。

集落ごとにまとめて農薬を散布することもあり、複数の農家で散布請負会社を設立する動きがあります。

ドローンで散布できる農薬は、水田以外にも果物や野菜向けなど、種類が増えています。政府による補助金制度もあるため、今後も農業分野でドローンの利用が広がるでしょう。

水産業

水上や水中は人間の手が届きにくい場所であり、水産業ではＵＡＶ（飛行型ドローン）、ＵＳＶ（水上ドローン）、ＲＯＶ（水中ドローン）などのドローンの活用が、進むと考えられています。日本では定置網漁業（海底に固定された漁具で魚をとる漁法）や養殖漁業（いけすなどで飼育して出荷する漁法）でのドローン利用が期待されています。小型の水中ドローンは数十万円程度と比較的リーズナブルに購入できることも、普及に一役買っています。

ただし水産業はまだ開発フェーズの途中であり、実際にドローンを活用できるかどうかは、調査段階です。これまで水中ドローンは水の中の対象物を見るために使われていましたが、もしドローンのアームの種類が増えて利用の幅が広がれば、作業用として大きく普及するでしょう。

水産庁ではマグロ養殖業での養殖網清掃ロボットの開発を進めています。商用サービスとしても、漁網メーカーである日東製網が、水中ドローンを使った定置網点検サービスや水中ドローン機材の販売を始めるなど、活用方法が考えられています。

林業

林業では高齢化と新規参入者の減少によって、人手不足が深刻化しています。それにより、伐採が必要なエリアの調査などが困難になっています。

そこでドローンを導入することで作業代替が始まっています。具体的にはエリアの調査に加えて、薬剤散布や緑化（種まき）などの実証実験などを実施しており、労働力のカバーが期待されているのです。

林野庁が2022年3月に公開した「ドローンを活用した苗木等運搬マニュアル」では、飛行ルールや実証事例なども紹介されています。

林業におけるドローンの活用も実証実験の段階であり、ドローンで可能な業務を確認している途中です。林業分野向けとしては、苗木を自動飛行で運搬する専用ドローンがあり、最大25kgの苗を運搬可能です。人が運ぶのと比べれば、時間も労力も大きく節約できるでしょう。

首相官邸ウェブサイトで公開されている「空の産業革命に向けたロードマップ 2022」に

は、2022年度までに全都道府県・全森林管理局で、山腹崩壊や病害虫、そして気象害などによる森林被害の把握にドローンを利活用することが記載されています。

2024年から森林環境税が住民税に上乗せされる形で課税されますが、その税収である約600億円は森林整備に利用されます。今後も林業分野でドローンの活用が進むことが期待されています。

②土木・建築

建築分野は、測量用のドローンが実用化されるなど、事業化フェーズに入っています。また、大規模な建築現場では、屋内飛行型ドローンを活用して現場の進捗管理を行う動きが見られますし、公共事業では国産ドローンの使用が推奨される動きがあります。ドローンの需要は決して低くありません。

土木・建築分野では、特に商用化や普及段階にある工事進捗と測量の分野でのドローンの利活用について、紹介します。

工事進捗

これまでの工事進捗の管理担当者は、現場を目視で確認したり、画像撮影に頼ったりして建設現場を監視してきました。

しかし、ドローンによる空撮で現場を監視できるツールが登場し、プロジェクトの状況をまとめて把握できるようになりました。建設現場ではドローンを活用することで、人員の手配・管理、資材・機械の手配・管理、そして現場の記録といった業務の効率化が進むと考えられます。

建設現場の管理にドローンを活用する動きは実際に広がっており、国土交通省の新技術情報提供システム（NETIS）にも、施工管理用ドローンが登録されています。

さらに竹中工務店、カナモト、アクティオの3社は、Visual SLAM技術（映像データから位置情報を三次元で取得できる技術）を用いて屋内外での自律飛行を可能にする「BIM×Drone」システムを共同開発しました。

工事進捗分野におけるドローンビジネスの流れとしては、まず作業者がドローンで写真撮影をして、得られたデータをソフトウェアやアプリで三次元モデル化します。その際に利用するパッケージやソフト、ドローンなどの利用料を事業者が受け取ります。

土木建設業界では、ドローンを活用したサービスやソリューションが普及しています。ドローンを含めた機械や作業員からの写真データなどをAI（人工知能）で解析することにより、現場管理の効率化が期待されています。

IT企業にビジネスチャンスが期待されることはもちろん、遠隔自動操作などの最新技術の開発も進んでいます。今後もドローンを活用した工事進捗のビジネスは拡大するでしょう。

測量

政府のi-Construction（建設現場のプロセスにICT＝情報通信技術を導入して、生産性向上や経営改善などを推進するプロジェクト）の取り組みもあり、2016年以降ドローンによる測量が普及しつつあります。

測量とは、ある部分の位置や面積などを測定・図にする技術のことです。測量データは土地の位置を確認したり、地図を作製したりするために使用します。

ドローンを用いた測量は、主に次の3つです。

●写真測量：ドローンのカメラで地面を撮影する。最も安価。

●レーザー測量：レーザー発振器をドローンに搭載して、レーザーで地面との距離を測る。1000万円以上など高価。

●グリーンレーザー測量：水の影響を受けない特殊なレーザーによって河川などを測量する。大型。

国土地理院からは、UAV（無人航空機）を用いた公共測量マニュアルなどが提供されており、ドローンによる測量のルール制定が普及の後押しとなっています。

しかし、土工はまだ二次元の図面を扱うことが多く、ドローン測量の三次元データと結びつける手間がかかります。普及にはまだ時間がかかるでしょう。

技術面では実用レベルに達しているので、ドローンの低価格化や小型化、処理の品質向上などが注目されています。

ビジネスモデルとしては、ドローンを用いたデータ収集をドローン事業者が行い、その後の処理を施工業者が行うイメージです。具体的には、撮影や計測はドローン事業者が行い、三次元データへの変換などの処理は、施工業者や測量専門事業者、またはサービス事業者が行います。

こうしたICT土工は、新規案件としてだけでなく維持補修のビジネスとしても注目されています。国土交通省はドローンの活用などによるICT施工を拡大しており、市場は小さくありません。

また、災害時や緊急時にもドローンを利用した測量データが復旧工事などに活用される例も増えており、ドローンによる測量のニーズは高く、今後も増加することが予想されます。

③点検

ドローンを使った点検は、公共・民間事業者のインフラや建築物、工場、船舶、航空機など幅広い対象物に対して有効です。

特に現在の公共インフラは高度経済成長期に急速に整備されて時間が経っているため、維持管理が課題となっています。こうした設備や建築物の点検にもドローンが活用され、人手不足や働き方改革、コスト削減などの実現に一役買っています。

他にも、橋梁やトンネル、ダムの老朽化対策などで、ドローンを含むロボットが活用されています。点検事業者や予算が不足していることも、点検分野でのドローン活用の推進を後押しするでしょう。

ここでは、点検分野の中でも商用化や普及が進む一般住宅とソーラーパネルの2つを紹介します。

一般住宅

一般住宅の屋根点検には、新築から一定期間ごとに行われる定期点検や、経年劣化による修復工事を見積もるための無料点検などがあります。

しかし、作業はコスト面などの理由から、安全管理が不十分なケースもあり、転落事故や屋根の損傷が発生するリスクもあります。

そこで、2017年頃からドローンによる点検が始まり、2018年頃には屋根点検に関するドローンの自動運航ソリューションが開発されたことで、屋根点検作業者が簡単に扱えるようになりました。屋根工事業者だけでなく、リフォーム業者や、住宅メーカーなど幅広い業者の点検サービスにも転用されています。

ビジネスとしては、戸建て住宅の場合はドローン事業者が屋根点検を請け負い、不具合があれば屋根工事業者へ仲介するなど、営業の施策として行う場合もあります。他にも新規の住宅購入者やオーナーに対して、定期点検や点検レポートの作成を行うサービスがあります。

日本の中古物件の約5360万戸は入居中であり、1300万戸以上が築40年以上で、10年ごとの外壁や屋根の改修が一般的です。こうした中古物件の件数の多さから、ドローンを使った住宅屋根点検サービスは今後も伸びると見込まれています。

ドローン事業者に加え、現在はハウスメーカーや賃貸住宅サービス事業者もドローン点検に取り組み始めています。定期点検だけでなく、自然災害時の災害復旧策の一つとしてもドローン点検が活用されています。

また、都市部では3階建て住宅の外壁点検といった、ドローンの活用が期待されています。こうしたサービスが拡大すれば、ドローンによる屋根点検の市場は大きく拡大するでしょう。

ソーラーパネル

大規模な太陽光発電所である「メガソーラー」は、発電事業者に点検業務が義務付けられており、自動で稼働するドローンによるソーラーパネルの点検が注目されています。

作業のためには高額なサーマルカメラ（非接触で温度を感知するカメラ）を導入する必要はありますが、ドローンには簡単にカメラを搭載できますし、機体を自動運転させることも可能なため、導入のハードルはそれほど高くありません。

ソーラーパネルは、ドローンの産業用途として普及が進んでいる分野で、異常箇所の自動検出やレポート作成の自動化など、業務フローの効率化が今後求められています。

ビジネスとしては、点検事業者や外注されたドローン事業者が、データの収集と解析を行うサービスが考えられます。データの収集と解析は、一つの事業者で行う場合もあれば、分担されることもあります。サービス事業者によって価格にも幅があります。

主に点検ビジネスに参入している企業は次の通りです。

- ●センシンロボティクス
- ●ジャパン・インフラ・ウェイマーク
- ●NTTドコモ
- ●SkymatiX
- ●NECネッツエスアイ
- ●Rakuten Drone
- ●CLUE
- ●A・L・I・Technologies

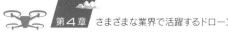

●エアロダインジャパン

（2023年3月時点での情報です）

ソーラーパネルのドローンビジネスに参加する事業者は年々増加しており、点検以外にもソーラーパネルの洗浄や周辺の雑草駆除など、点検サービスの周辺作業の提供拡大が見込まれています。

政府がグリーン・トランスフォーメーション（温室効果ガスの排出削減などの環境改善と、経済システムの改革に向けた取り組み）を打ち出したこともあり、ソーラー発電などの脱炭素エネルギーの需要は少しずつ高まってきています。ドローン点検技術は現在の巡視点検を補完、さらに代替するものとして期待されていくでしょう。

ドローンによる点検の無人化にも注目が集まっています。もちろん発電所の規模によって導入コストを検討する必要がありますが、発電所内に待機させているドローンを遠隔操作で操縦することで、無人化を実現できます。

④空撮

ドローンを使用した空撮には商業空撮と報道空撮があり、次のような用途に利用されています。

商業空撮の活用シーン例

- ●映画
- ●テレビ番組
- ●CM
- ●ミュージックビデオ
- ●不動産物件の外観・眺望の撮影
- ●観光地などのPR
- ●イベントの記録・プロモーション
- ●竣工前のマンションの眺望撮影

報道空撮の活用シーン例

●事件現場
●事故現場
●災害現場

ドローンによる空撮は、ヘリコプターでは実現できなかった高度・アングルの撮影を可能にし、新しい映像表現の一つとして注目されています。

不動産撮影は日本の法規制やプロモーションの仕組みの問題があるため、あまり普及していませんが、マンションの眺望撮影では数多く利用されています。

観光スポットの空撮映像を自治体が撮影する例も多く、報道空撮では災害現場の記録にも利用されています。

課題としては、空撮事業者によってクオリティや価格が異なり、仕事を依頼する側にとって事業者の選択が難しい点が挙げられます。各事業者には、明確な仕上がりイメージや、分かりやすい料金設定を明示することが求められるでしょう。

商業空撮

ドローンによる空撮は、映画、テレビ番組、CMなどの撮影だけでなく、不動産物件情報の写真素材としても利用されています。上空からの不動産の写真や動画は効果的なプロモーションとなります。自治体や観光協会、旅行会社がWeb動画広告やSNSで利用する目的で、制作会社等に映像の撮影やコンテンツの制作を依頼するニーズも高い状況です。

ただしドローンの種類が増えて導入コストが下がったことから、プレイヤーが増加し、空撮価格に対する要求は厳しくなっています。一方で高額な案件は、ノウハウが豊富な少数の業者へ依頼が集中しているのです。

商業空撮のドローンも進化しており、「マイクロドローン」などのような手のひらサイズの小型ドローンによって、従来の空撮用ドローンでは難しかった狭い空間の通り抜けや、撮影対象に近づくような撮影が可能になりました。ＳＯＮＹがリリースした「Ａｉｒｐｅａｋ Ｓ１」はプロ用の撮影機材として売り出され、自動車の並走撮影にも対応するなど高い機能性から業界人に注目されています。

商業空撮のビジネスは、テレビ番組、ＣＭなどの制作会社、広告代理店から空撮事業者が依頼を受ける形で始まります。空撮事業者は撮影機材を自前で所有するケースが多く、写真や映像素材の提供サイトに登録して、対価を受け取るビジネスもあります。

低予算の動画撮影や屋内での人物撮影など商業空撮の需要は増加しています。

その他にも高層マンションからの眺望撮影や、新型コロナウイルス感染症の影響が弱まりつつある２０２３年度以降には、観光撮影に関するニーズも回復すると予想されます。

Airpeak S1 │ 出典:SONY

報道空撮

ドローンの登場により、事件や事故、災害現場の取材において、現場の記者やカメラマンはドローンを通した取材活動ができるようになりました。ドローンは有人機に比べて低い高度を飛行できるので、より現場に近い位置からの取材が可能である点や、騒音の発生も抑えられる点が強みです。

活用例としては、報道機関でドローンを運用できる人材を配置するなど、自ら空撮を行うパターンが増えています。今後は報道機関の末端の組織にもドローンが配備され、高性能で携帯性に優れたドローンの普及により、一人一台携帯する未来も考えられます。

⑤輸送・物流

ドローンを利用した物流は実証実験中の段階で、少子高齢化や過疎化による買い物弱者の増加やＥＣの伸びに伴う宅配便の増加などの社会的課題を、解決するために期待されています。

ドローン物流は、「輸送・配送」と「緊急搬送」の2つに分類され、次のような分野で利用されています。

①山間・離島などへき地への輸送・配送

例：ドローンによる医薬品配送

②都市部での戸宅配送

例：マンションへの配送

③ビルやマンション内の配送

例：タワーマンションのエントランスから各部屋への配送

④山小屋での物資の荷揚げ

例：岐阜県のアルプスの山小屋への配送

⑤災害時の物資輸送

例：災害時、孤立集落への救援物資配送

⑥固定翼機（滑走路や発射台が必要な長距離型ドローン）、ＶＴＯＬ機（垂直に離着陸でき、高速巡航が可能なドローン）による長距離高速輸送

例：アフリカのルワンダでの医療資材の配送サービス

物流業界では、ＥＣの発達や新型コロナウイルス感染症の拡大によって、取扱貨物量が増加しています。

しかし、日本の物流網の主役であるトラックドライバーは不足しており、２０２７年には需要の25％にあたる24万人が不足するといわれています。また、労働基準法の改正により、トラックドライバーの時間外労働や休日労働が制限されることから、人手不足がより加速するでしょう。

他にも、宅配便の再配達の増加や高層階への配送、地方などで買い物が不便な場所での宅配便の頻繁な利用など、物流業界は多くの課題を抱えています。こうした課題を解決するためにもドローンの活用が注目されています。

ここでは最も実用化に近い輸送・配送分野のドローンの活用について紹介します。

2013年にAmazonのドローン配送サービス「Amazon Prime Air」が発表され、ドローンによる荷物配送が注目されました。他にも行政でさまざまな取り組みが行われ、全国的にドローン配送に対する関心が高まっています。

2020年度からは国土交通省が「過疎地・離島地域」「医薬品物流」「農作物物流」のテーマで実証実験を支援するプロジェクトを開始しました。

2022年には「ドローンを活用した荷物等配送に関するガイドライン Ver.3.0（案）」が公表され、国内で社会実装されたドローン物流事業を中心に、20以上の事例が追加されました。

また、2022年12月に施行された新しい航空法ルールによって、有人地帯での補助者なしでの目視外飛行（レベル4）が前提のプロジェクトが、2023年度に行われる予定です。

ビジネスとしては、ドローンを使った荷物の輸送・配送や、EC商品の配送、地域の事業者への物流サービスソリューションの提供、郵便事業者の自社活用が考えられます。

導入のハードルは高いですが、有人地帯での補助者なしでの目視外飛行（レベル4）が可能となったため、ドローン物流市場は更なる成長が見込まれています。

⑥警備

日本では、警備分野でドローンを使った自動巡回警備が始まっており、施設内での巡回や屋外での広域監視に活用されています。

2015年にセコムが開発した「セコムドローン」は、空から巡回監視する自律型の警備ソリューションとして商用サービスが始まっており、その他の企業もドローンを活用した警備サービスを展開しています。

また、ALSOKは自動巡回ドローンサービスを商用化しており、ドローンが不審者や火の気を検知した場合には、すぐに警備員が駆けつけるというサービスを提供しています。

これまで、警備目的でのドローンの使用は、屋内で飛行できないことなどから、実験的な使用に限定されていました。しかしGPSなしで屋内を飛べるドローンの登場により、警備パトロールへの活用が進んでいます。有名なのはアメリカのドローンメーカーである「Ｓｋｙｄｉｏ」が開発した「Ｓｋｙｄｉｏ ２」で、自律飛行・障害物回避が可能です。

さらに、長時間の飛行や、大規模な施設や河川、土手などの広域エリアの監視といった需要もあります。ただし、混雑した場所での衝突回避や、強風などの気候対応の課題に対処する必要があります。

世界初、民間防犯用の自律型小型飛行監視ロボット 「セコムドローン」のサービス提供を開始 改正航空法の施行に伴う承認取得、2015年12月11日からサービス開始｜出典:セコム

警備分野で実証実験が進められている分野は「巡回監視」です。

中でも早くから巡回監視用途のドローン開発に取り組んだのは、セコムとALSOKでした。セコムドローンは防犯施設に設置したセンサで侵入者を検知し、ドローンによる人や車両の撮影データを、コントロールセンターに送信する世界初の民間防犯用ドローンサービスです。他にもSkydio 2は自律飛行で巡回監視を行います。

不法投棄や車上荒らしの抑制、施設内の把握など巡回監視の需要は多くあります。

また、日本では、5G使用のAI、ドローン、ロボット、警備員が装備したカメラを使った実証実験が行われており、自動化・省力化を目指したビジネスモデルが開発されています。

ビジネスとしては、オフィスや、店舗、工場、スーパーマーケットなどの大規模な施設やイベント主催者から依頼を受けた警備会社に、警備員の駆けつけとドローンでの巡回を組み合わせたサービスを提供することが考えられます。

セキュリティ分野でのドローンの使用は、技術的な制限や航空法の規制などの課題があります。

しかし、コストを節約し、警備担当者の不足に対処するために、巡回監視の需要は高まっています。

2021年8月、パスコはセコムとの共同実験を発表し、監視目的でのドローンの使用を含め、公共インフラ監視の自動化を目指しています。この実験では、環境調査や観測など、ドローンの新しい利用分野も開拓するので、今後も警備分野でのドローンの使用は増加すると予想されます。

⑦在庫管理

在庫管理業界では、棚や地下倉庫内での在庫確認にドローンを使う需要がありましたが、「GPS電波の届かない場所では飛行が難しい」という課題がありました。

しかし、2018年以降、Visual SLAM技術（映像データから位置情報を三次元で取得できる技術）によって安定飛行が可能になり、小型ドローンの登場で活用が期待されるようになりました。

製鉄所や火力発電所の原料ヤード（鉄鉱石・石炭・石灰石を船から荷揚げして貯蔵する場所）

では、ドローンを活用した在庫管理が進められています。日本製鉄や日本鉄鋼連盟でも、ドローンの自動運転による在庫管理の取り組みを始めています。

在庫管理業界でのドローンの活用分野は、主に屋内と屋外の在庫管理の2つに分かれます。この2つについて詳しく見ていきましょう。

在庫管理（屋内）

多品種少量生産が求められる現在、倉庫管理は複雑になり、屋内用ドローンによる在庫管理システムが注目されています。

日本通運は2017年からドローンの倉庫内活用に向けた検証を開始しました。ドローンとロボットを活用した業務改善などに取り組むブルーイノベーションでも、屋内用ドローンを使った棚卸し・警備システムを開発しています。

ビジネスとしては、飛行型もしくは陸上型ドローンを使用して倉庫内の在庫管理を行う新しい形の倉庫管理システムが注目されています。倉庫や工場の運営者が自分たちの管理手法に合わせた機体やサービスの開発を、ドローン事業者に依頼するイメージです。

在庫管理で現在求められているのは、第3章で解説したドローンポートのような「拠点」を利用した、随時飛行できるようなソリューションです。小型のドローンやドローンポートが登場したことで、屋内で使える小型のソリューション開発が進んでいます。

ドローンによる在庫管理サービスは、全国の物流事業者だけでなく、スーパーなど小売事業者にも浸透していく可能性があります。ドローン在庫管理分野では、サービス事業者の海外展開も十分に可能でしょう。

在庫管理（屋外）

製鉄所や火力発電所では、広大な原料ヤードの在庫管理に課題があります。現在は熟練したスキルを持つ作業者が経験と勘で管理しているケースが多く見られます。一方で、測量機器を使用しようと考えると、工数が膨大にかかってしまうのです。

この課題に対して、ドローンを使って原料ヤードを上空から撮影し、三次元データを生成して在庫量を正確に計算する方法が注目されています。

実例として、英国のＰｗＣ ＵＫは２０１８年に、ドローンを使って石炭火力発電所の約２００ｈａ（東京ドーム約42個分）の貯炭場の測量を行いました。そして、ソフトで三次元データ化することで、棚卸しの効率化に成功しました。これにより、従来の測量に比べて85％もの作業時間を削減できたのです。


発電所などの原料ヤードの測量は今後、利用が拡大することが期待されています。ただし、日本の製鉄所や発電所は空港や人口密集地の近くにあることが多く、ドローンを飛ばすには特別な許可と人員が必要です。

日本鉄鋼連盟は規制改革を行政に訴え、その結果、許可要件が緩和されました。

ビジネスとしては、鉄鋼事業者などの広大な原料ヤードを持つ事業者に、ドローンやカメラ、体積を計算するソフトなどを提供するサービスが考えられます。

世界的に脱炭素の流れもありますが、まだまだ日本においては火力発電所がメインなので、今後も屋外での在庫管理需要は伸びるでしょう。

⑧計測・観測

計測・観測分野では、ドローン測量が導入される前、航空レーザー測量が主流でした。航空レーザー測量とは、レーザー装置を搭載した航空機で、地表データを計測する技術です。レーザーによって計測するため林の中などでのデータ取得が簡単なことや、人が近づくのが難しい場所や危険地域でも計測が可能など、多くのメリットがありました。

しかし一方で、費用が高額であったり、水中や地下の測量が難しかったりといった難点もありました。

●短時間で計測できる

従来の航空レーザー測量と比べたドローン測量のメリットは、次の通りです。

●あらゆる場所を計測できる
●費用が低額
●データの精度が高い

計測範囲にもよりますが、航空レーザー測量に比べてドローン測量は、およそ3分の1の時間で済ませることも可能です。

また、航空機よりドローンの方がコンパクトで狭い場所の計測にも優れ、機種にもよりますがおよそ10分の1コストで導入可能です。広範囲の計測の場合、ドローンだとバッテリー交換が複数回必要ですが、基本的な計測ならドローン測量が、機能面やコスト面で優れています。

計測・観測業界では、次のようなドローンの活用方法が考えられます。

●風向の計測
●風速の計測
●大気のサンプリング

●火山観測

現在、環境モニタリング分野でのドローンの商用化・実用化が進んでいるため、その内容についてここでは紹介します。

環境モニタリング分野では、次のようなドローンの用途があります。

●気象観測

●海洋観測

●大気観測

●生態系観測

●放射線計測

●風力発電所建設に伴う風況調査

日本気象株式会社ではドローンを利用し、高度１２００ｍまで上昇して上空の気象観測を実施し、大気汚染モニタリングも行っています。

他にも日本では環境モニタリングのために、ドローンがさまざまな用途で活用されています。埼玉県では、ドローンを使用して高度1000mのオゾンを調査し、光化学スモッグ形成への影響を理解するのに役立てています。

国土交通省では、ドローンを活用した火山灰の堆積状況調査を行い、土石流の危険性を評価して、避難指示を出すためのデータを取っています。ドローンを規制区域の外から操縦して上空を飛行することで、火山灰の堆積状況を遠隔操作で取得できるため、安全に調査できます。

気象庁は、さまざまな研究機関や大学と連携し、集中豪雨の原因となる線状降水帯の予測精度を向上させる技術の開発・研究を進めています。

参加機関は、主に2022年の6月から10月にかけての線状降水帯の発生環境である九州沖や西日本を中心に、さまざまな観測を行いました。

ビジネスとしてはドローンで観測した気象データを情報提供するサービスが考えられます。風向・風速を計測した場合は、風力発電事業者にデータを販売することもできます。

市場としては大きくありませんが、異常気象により気象データの需要は年々高まっています。

また、風況調査は風力発電所の建設のために必要で、需要が高いです。地球温暖化によってクリーンエネルギーの利用は世界的に促進されており、観測手法が確立されれば日本国内だけでなく世界進出も狙える分野です。

⑨損害保険

保険業界でのドローンの活用事例としては、家屋保険（火災・地震・水害など）や自動車保険の調査、そして農作物被害などの調査にドローンを使い、保険の損害査定をするケースがほとんどです。

損害保険会社では、自然災害などの損害に対して保険料を払う時、状況を確認するために従来は調査員が損害査定を行っていました。近年では調査時に、上空から被害状況を確認できるドローンが活用されています。

また保険分野では、地震や台風、水害などの自然災害が増加していることから、保険金の支払い遅延が問題となっています。２０１９年の台風15号、19号による被害は大きく、２０２０年３月末までの保険金請求額は約１兆４８２億円になりました。保険会社は大規模災害時の人手不足に直面しています。

台風19号の影響により大幅な調査人員の補充も行われました。そこで、保険業界では、ドローンを使って被害状況を撮影し、ＡＩで解析して修理費用を算出して、保険金額を査定する取り組みが進んでいます。

２０１５年には損保ジャパンがドローンによる損害調査に着手、全国にドローンチームを配備し、保険金のスピーディーな支払いを目指しています。

これらの取り組みは、豪雨などの災害時、保険業界を支援するために行われています。

さらに、ドローンを活用した水災や自然災害時の損害調査も進んでおり、罹災証明書（天災などで住居等に被害を受けた時、公的支援を受けるために必要な書類）の発行や保険金支払いの迅速化に貢献しています。また、国もドローンを使った損害調査を進めており、森林研究・整備機構の森林保険センターが九州北部豪雨の保険料支払いの迅速化に向けたドローン活用の取り組みを行っています。

このように保険分野でのドローン活用は、保険料の早期支払いはもちろん、災害時の調査人員不足の解消や、広範囲の調査などのメリットがあります。ビジネスとしても、損害調査や広域の災害状況の把握などを提供するサービスが考えられるでしょう。

海外に目を向けてみると、アメリカでは災害時のドローン活用が進んでいます。広大な国土を持っているため、調査人員不足の問題は深刻でした。

しかし、ドローンを活用することで、消火活動後の再燃火災を防止したり、ハリケーンによる損害調査を迅速に進めたりと、人手不足を補うことが可能になりました。

１０００年に一度の被害をもたらしたといわれるハリケーン・フローレンスの被災後、その被害の大きさからドローンで損害調査を行う場合の規制が大きく緩和されました。損害保険の分野でのドローン活用は、こうした地球環境の変化や異常気象など、差し迫った問題に後押しされる形で進んでいます。

２０２１年４月、楽天は損害保険事業において、建物の屋根の損傷調査にドローンを活用し始めました。この調査を皮切りに、損害保険分野でのドローン活用が注目されるようになりました。また、ドローンとアプリを活用した家屋被害調査支援サービスの開発が検討されたり、自治体での使用も考えられたりしています。

２０２２年12月には、航空法の新しいルールが適用され、固定翼ドローンとＶＴＯＬドローンの広範な使用が実現されます。これにより、保険業界におけるドローンの使用は、ますます拡大するでしょう。

⑩エンターテインメント

エンターテインメント業界でのドローンの活用例には、ドローンレースやイベント演出などがあります。

ドローンレースとは、ドローンを用いて機体性能や飛行技術を競う大会のことです。世界各国に愛好家がおり、日本でも広まりつつあります。

イベント演出としては、２０１８年の平昌冬季オリンピック開会式でライトを搭載したドローンが夜空に光の線を描いたり、アニメーションを描き出したりした演出が印象的でした。２０２１年の東京オリンピックの開会式でも、２０００機近いドローンが地球などのマークを上空に描き出し、話題になりました。

「The Tokyo 2020 Opening Ceremony - in FULL LENGTH!」
出典:オリンピックYouTubeチャンネル

ドローンレース

ドローンレースは5インチ（12・7センチ）以内の機体で、規定のコースを周回して飛行技術などを競う内容が多いです。有名なドローンレースとしては次のような大会があります。

【世界大会】

- World Drone Prix
- FAI World Drone Racing Championships
- Drone Champions League
- X-FLY
- Drone GP

【日本大会】

- JDRAドローンレース

●ＪＤＡドローンレース
●ＪＤＬドローンレース
●Ｄｒｏｎｅ Ｉｍｐａｃｔ Ｃｈａｌｌｅｎｇｅドローンレース

有名メディアで放送される大規模な大会から、愛好家によって主催される趣味のイベントまで多種多様なドローンレースが開催されています。日本でも愛好家が増え始めましたが、本場は海外です。

こうしたレース以外にも、ドローンサッカーといわれる2チームで相手のゴールをドローンがくぐり抜けた点数を競うスポーツがあります。２０１９年には「東京モーターショー２０１９」で、カー用品の販売大手のオートバックスがエキシビションマッチを開催したことで、有名になりました。

ビジネスとしては、他のレースイベントと同様に、協賛企業や団体からの協賛金と参加者の参加料金で成り立っています。レーシングドローンの市場は２０２６年までに21億４３９０万ドルに成長する（米 Coherent Market Insights調査）とされています。

新型コロナウイルス感染症により大会が延期されていたこともあり、日本でも趣味として楽しむプレーヤーはいますが多くはありません。しかし、「U99」といわれる100g未満の手軽に扱える機体でのレースカテゴリーが用意され、業界を盛り上げていこうという動きもあります。

レース以外にも、「シネマティックドローン」といわれる映像撮影のカテゴリーも存在し、趣味ではなく仕事にする人々も増えています。

イベント演出

イベント演出としては2021年の東京オリンピックの開会式が記憶に新しいですが、ドローンショーがイベント演出に利用されたのは、2017年にアメリカのアトランタで開催されたスーパーボウルのハーフタイムショーだと考えられています。ショーの中で、アメリカのロックバンド「Maroon 5」が歌う「She Will Be Loved」とともに150機のドローンが夜空に「ONE」、「LOVE」の文字を書きました。

他にも、イベント演出の例としては次のようなものがあります。

〈イベント演出の例〉

- 「FUTURE DRONE ENTERTAINMENT Intel Drone Light Show〝CONTACT〟」
東京・有明エリアの特設会場で、Intelの「Shooting Star」500機が飛行し、夜空に地球や、DNAなどのイラストを描き出した。

- 横浜スタジアムでのプロ野球の横浜DeNAベイスターズ主催試合
試合終了後にドローン100機を使った「STAR☆NIGHT VOYAGE」を開催した。

- エンタテインメント集団「ルナルージュ・エンタテインメント」の「The Infinity Ball ～between earth & sky～」

地上のダンスステージと連携する形でドローンが空を舞った。

空を舞うドローンの演出はいずれも印象的で、新しいプロモーションやマーケティング手法として注目を集めています。ビジネスとしては、イベント主催者やテーマパーク運営者がドローン事業者に依頼し、広告媒体やエンターテインメントのサービスを提供するイメージです。

ドローンショーは日本での需要拡大が期待されています。新規参入者が増えており、実際、日本で２０１９年にドローンショーを主力事業とするスタートアップ企業「ドローンショー」が創業しています。同社は全国各地で創業から１００件以上のショー実績があります。

２０２２年に入ると全国で30を超えるドローンショーが開催され、７００機ほどのドローンが活用されました。飛行可能数としては７００機以上でも技術的に可能と考えられており、今後もドローンショーの規模は拡大するでしょう。

他にも、スポーツ大会や花火大会とのコラボレーションなど、多様なドローンショーが展開されています。自動充電などの機能の実装に伴い、ドローンショーは更なる市場の盛り上がりを見せるでしょう。

⑪通信

通信業界では、災害時の臨時の携帯電話基地局（携帯電話と電話網の通信を中継する役割を持つ）としてドローンが活用されています。具体的には、携帯電話基地局用の無線設備を搭載したドローンを利用して、機体を決められた高度で飛行させ基地局にしています。地上基地局が被災した際の一時的な復旧ソリューションとして、携帯電話各社に提供されています。

HAPS（携帯電話などの基地局を搭載して、成層圏などの高度の高い場所を飛行し続けるドローン）や低軌道衛星などの非地上局を利用して構築された通信ネットワークを「NTN（非地上系ネットワーク）」と呼びます。日本政府は現在HAPSを通じて、電波が不安定な山間部・離島・海洋部でドローンを安全に飛行させる取り組みを実施しています。

成層圏に大型ドローンを飛行させて広範囲の通信エリアを作るHAPSは、民間での開発も進んでいます。

ソフトバンクグループのＨＡＰＳモバイルが開発したＨＡＰＳは、１機で約２００ｋｍに及ぶ通信エリアをカバーします。上空からカバーできるため、山間部などの通常電波が届きにくい場所でも安定した通信が可能になります。太陽光パネルによる自動充電で、数ヶ月間飛行できるため、ＨＡＰＳはドローンを安定飛行させるための基地局としても注目されています。

不測の災害に備えるために、ドローンの基地局や中継局を広域に設置し、被災地で利用できるようにする必要があります。

ソフトバンクは２０２２年春までに災害対応用の飛行基地局として利用できるドローンを全国各拠点に10機以上導入しました。

災害時のドローン活用の実験も進み、地中に埋まったスマートフォンの位置特定にも成功しました。こうした技術は、地震などの災害時や山中での遭難者の発見に役立つでしょう。

このように通信分野のドローンは、携帯電話事業者による利用が進んでいます。

携帯電話各社はドローン中継局や基地局の運用開始を相次いで発表しています。

災害時の活用が考えられているため、ビジネスとしての市場の拡大を考えるのは難しいです。

ただし、通信インフラが未発達な世界の地域で、ドローンによる通信サービスを提供するなどのビジネスは考えられるでしょう。

⑫消防・警察

行政機関がドローンを利用し始めており、消防では現場火災の状況把握や要救助者の捜索に、警察では事件の鑑識活動にドローンが活用されています。

また、自治体や国土交通省では自然災害の被害状況把握に使用されています。

KDDIは5Gを活用した山岳登山者の見守り実験を実施しており、ロボットによる山岳救助の技術を競う「Japan Innovation Challenge」を開催しました。

その他のサービスとしては、Ｊａｐａｎ　Ｉｎｎｏｖａｔｉｏｎ　Ｃｈａｌｌｅｎｇｅは、北海道で開催された山岳救助コンテストで得た知見をもとに、ドローンによる夜間捜索支援サービス「ＮＩＧＨＴ　ＨＡＷＫＳ」を立ち上げました。自治体からの要請に応じてドローンオペレーターを災害現場に派遣し、赤外線カメラによる夜間撮影や、ドローンの照明による捜索隊の誘導などを行っています。

他にも数社がドローンを使った捜索支援サービスに参入しており、災害時を中心とした公共部門でのドローン活用が、関係各所で始まっています。

消防や警察など、公共分野でのドローン活用は主に消防と災害調査の分野が事業化フェーズにあります。

消防

消防行政においてドローンの利活用が進んでいますが、地域性により利活用方法が異なります。またドローンを消防活動にどう活用するかが課題となっています。多くの自治体は災害時連携協定をドローン事業者や災害に特化したドローン団体と結んでいますが、ルールや活動体制の整備はまだまだ検討が必要です。

人材育成も必要であり、運用以外にもドローンで得た知識をどのように活用するかという情報リテラシー教育が今後の課題です。

消防団や消防局でもドローン導入が進められています。総務省消防庁がドローンの利用を試み、防災活動におけるドローンのガイドラインが作成されました。2022年4月時点では、429の消防本部が581機のドローンを所有しています。総務省消防庁は、ドローンを消防資機材として普及させるため、消防団の訓練教育用にドローンを貸し出すなどの施策を行っています。

消防庁は、2019年から5年間で135人のドローン運用アドバイザーを育成するための研修を行っています。このプログラムでは、全国の消防本部からドローン運用の中核の消防職員を集め、ドローンの知識やスキルを学習します。

最新型業務用ドローン「Mavic 3E」を活用して、土砂災害の現場計測や被災状況の確認、要救助者の場所の特定など、迅速な救助活動に役立てる動きも見られています。さらに、災害発生時の広域アナウンスや避難誘導にドローンを活用することも考えられます。

消防庁は、次のようにドローン関連の講習に多額の予算をかけるなど、積極的な導入姿勢を見せています。

●ドローンを活用した情報収集活動・実践的な訓練
1億円
●全国消防学校の団員へのドローン操縦・災害対応講習
4000万円
●ドローンを含む消防団の救助用資機材の整備補助
2億5000万円

こういった動きから、消防本部に対してドローン事業者が

Mavic 3E｜出典：DJI JAPAN 株式会社

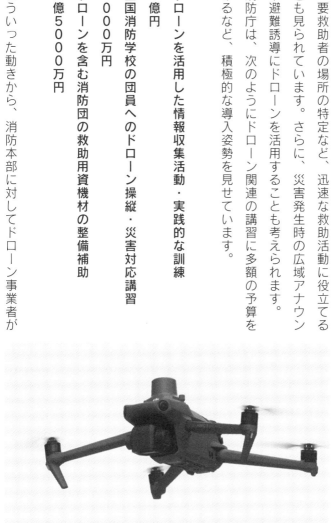

操縦講習を行ったり、資材を納入したりするビジネスも考えられます。

経済産業省が主導する「安全安心なドローン基盤技術開発」プロジェクトの活動の中で、2021年12月に小型のドローン「SOTEN」が発売されました。SOTENは全国の消防本部に導入が見込まれ、消防分野でのドローンの活用が今後ますます進むでしょう。

災害調査

国土交通省は、緊急災害対策派遣隊(TEC-FORCE)を通じて、災害時にインフラ被害状況を把握し、迅速な救助活動や復旧支援を行っています。

TEC-FORCEは、ドローンを使用して斜面崩落や浸水状況の確認、港湾の破損調査などを行い、得られた映像は国土交通省だけでなく、被災自治体にも提供されます。九州地方整備局では、132人のドローン操縦隊員が在籍しています。

基本的にTEC-FORCEがドローンの飛行や運用を行っていますが、ビジネスとして一部委託を受けたドローン事業者がサービスを提供する場合もあります。

ドローンを活用したYouTuber

ここまでドローン業界の仕事について解説しましたが、これらの仕事の中にはYouTuberと親和性の高い分野もあります。例えばエンターテインメントであれば、ドローンレースの様子や東京オリンピックのようなイベントを、動画コンテンツを通して広く認知させることが可能です。その他の物流や点検といった分野でも、ドローンを使って業務を行う様子を動画で見ると、視聴者はイメージが湧きやすくなります。

特に空撮とYouTuberは相性が良いでしょう。空撮を専門にしている方で有名なのは、

「【西表島×Mavic_Pro】石垣の秘境バラス島の美しい海ドローン空撮」
出典：Drone in the world ドローン空撮職人さわ YouTube チャンネル

「ドローン空撮職人さわ」さんというYouTuberです。

ドローン空撮職人さわさんは「職業旅人」を名乗り、世界の絶景を巡る旅人として知られるYouTuberです。彼はドローン空撮した世界の絶景60ヵ国の旅をまとめた動画を配信しています。

その卓越した技術と独自の視点でファンを魅了しています。世界中の美しい景色をまとめた彼の映像はテレビ、CM、プロモーションなど、さまざまなオファーを受け付けています。

さわさんのドローン空撮の魅力は、その独自の視点と繊細な映像表現にあります。彼はドローンを使って自然の風景や都市の美しさを捉え、まるで鳥の視点から見たかのような映像を制作しています。視聴者は彼の映像を通して新しい世界に触れ、息を呑むような美しい景色を見ることができます。ただの旅行の映像ではなく、ドローンを使用しているため火山や崖の側面など、人間の立ち入りが危険な場所の風景も撮影できます。

また、他のドローン愛好家や初心者に対しても情報やアドバイスを彼は提供しています。彼のYouTubeチャンネルでは、初心者向けのドローンの選び方や操作方法、空撮テクニックなどについての動画コンテンツが充実しています。彼の豊富な知識と経験は、多くの人々がドローン操縦に参加し、自身の空撮技術を向上させる手助けとなっています。

彼は安全にドローンを飛行させるための知識と経験も持っており、自身のブログでも世界のドローン規制や持ち込みルールを読者に伝えながら、美しい映像を追求しています。

さわさんのようなドローンを使った空撮は、ビジネスにおいても注目されています。例えば、不動産業界では、ドローン空撮映像を活用することで、販売物件や物件周辺の魅力を効果的に伝えることができます。全景をドローンの映像でじっくり確認できるので、購入の手助けになります。

また、観光業界では、空撮映像で観光地やリゾートの魅力を余すことなく伝えられます。施設の美しさを空中から見ることで、観光客に強い印象を与え、訪れたいという気持ちを喚起します。さわさんのような空撮映像は、観光プロモーションにも一役買っています。

第5章

ドローンビジネスを始めるにあたり

ドローンビジネスを始める際の注意点

ここまで見てきた通り、ドローンを用いればさまざまな分野で業務を円滑化したり、これまで不可能だった作業ができるようになったりしますが、使い方を誤れば事故を起こすリスクがあります。操縦者は事故発生時に責任を負う立場になりますので、前もって関連する法規制やマナーについて理解を深めることが大切です。

また、ドローン関連のビジネスはまだまだ発展途上であり、信頼できる情報がまとまっているところは多くありません。インターネットを使って自分で調べても満足のいくサイトにたどり着けず、「どうやって事業を開始すればいいんだろう?」と悩む人も出てきます。

そこでこの章では、ドローンビジネスを始めるにあたって役に立つ情報をまとめました。

まずは国土交通省が公開している**「無人航空機の飛行の安全に関する教則」**を参考にしながら、ドローン事業者が知っておくべき注意点から解説しましょう。

ドローンの法規制について理解を深める

これからビジネスを始めようとする分野の法規制について、事前に理解を深めておくことが大切です。知らないうちに法律違反をしてしまえば仕事を続けられなくなりますし、信用を失ってしまう恐れもあるでしょう。

例えば許可を受けることなく人口集中地区でドローンを飛ばし、機体を墜落させて他人にケガをさせてしまえば、「業務上過失致死傷」といった刑事責任を問われ、懲役・罰金を科されることもあるのです。

加えて無許可で禁止区域を飛行させれば航空法に違反しますので、ドローン免許の技能証明の効力を停止、もしくは取り消しといった行政処分を受ける場合があります。

こうした事態にならないよう、本書第2章で解説しているような法規制について、よく把握しておきましょう。

飛行前に準備を済ませる

ドローンの事故のほとんどは、事前の準備不足によって起こりますので、必要なチェックを終えてから飛行を開始しましょう。飛行計画時の準備であれば、地域のルールを知っておくこと。飛行禁止ではない場所でも、ドローン飛行を規制している地域もありますので、市町村のウェブサイトで確認するか、もしくは電話・メールなどで問い合わせるのがおすすめです。飛行直前時なら、機体の整備や点検、バッテリーの充電など、機体の状態を注意深く見ておきます。さらに万一に備えて、緊急時の対応策もシミュレーションしておきましょう。

飛行時の役割分担を決めておく

ドローン資格の保有者が複数人いる場合は、それぞれの役割分担を明確にしておきましょう。もし操縦者と補助者の二人で飛行させるとするなら、次のような振り分けが可能です。

・補助者の役割：気象や空域、周囲の情報を操縦者に提供
・操縦者の役割：提供された情報をもとに安全に飛行するように努め、危険を認識した際は飛行中止の判断も実施

分担をしておけば、それぞれの業務内容にフォーカスできます。このように、各々の役割を決めずに飛行を開始すると、やるべきタスクに対応できなくなるケースが起こります。例えば飛行中止の判断をどちらがやるのかを決めなかったとすると、「あなたがやると思っていたから私はやりませんでした」といった誤解が生じてしまい、操縦者・補助者ともに飛行中止をせずに事故につながる可能性があります。

飛行時は安全を第一に考える

ドローン飛行時は、人や物の安全を第一に考えるようにしましょう。ここまで解説してきた通り、ドローンによる事故は他人にケガを負わせたり、他人の物を破損させたりするリスクがあり

ます。こうしたリスクを最小限にすることを意識した飛行が大切です。

例えば、飛行前の機体の点検や、機体が移動する空域の確認、悪天候時の対応など、事故を未然に防ぐための準備を済ませるようにします。また、安全性を担保するためには操縦者自身のパフォーマンスも大切です。もし、ドローン飛行時に操縦者に疲労やストレスが溜まっていれば、操縦に支障をきたす恐れがありますので、体調管理を万全にしておきます。

特にアルコールや薬物の影響下で操縦するのはリスクが高まりますので、十分に注意しましょう。操縦が長時間になる時は途中で何度か休憩時間を確保し、集中力が持続するように工夫します。操縦自体に慣れた人でも、疲労が蓄積すれば周囲の状況を正確に認識しにくくなってしまいますので、「〇〇分ごとに10分のインターバルを作る」といったルールを決めておくことをおすすめします。

マナーを守って飛行させる

法律や条例だけではなく、マナーを守ってドローンを飛ばしましょう。特に注意するべきは、飛行時の騒音と、航空機の接近時です。

機体との距離や機体の種類にもよりますが、ドローンが飛ぶ時はプロペラ音が響きます。長時間ドローンを飛行させると、近隣住民の迷惑になる恐れがありますので、騒音の発生には注意を払うようにします。また空域には航空機も行き来しており、ドローンだけが飛んでいるわけではありません。そのため、航空機がドローンに接近してきた場合は、航空機から距離を取るようにし、安全を確保するようにしましょう。

危険と思われる場合には飛行を中止する

時には安全な飛行が難しいケースもあります。そのような時は慎重にリスクを判断し、飛行を中止するようにしてください。

事前に気象情報を把握していたとしても、天候が急変したり、機体に予期しない不具合が発生したりする可能性もあります。風が強くなればドローンの操縦は難しくなり、熟練の操縦者でも墜落の危険があります。

ドローンの飛行は安全第一ですので、事故を未然に防ぐためにも、自分の操縦技術を過信せず、冷静に対処することが求められます。

操縦技術を向上させる

操縦の練習を繰り返し、技術を高めましょう。ドローンを動かすスキルは実際に仕事をする時はもちろん、実地試験でも求められます。

フライトの方法は仕事の内容によって異なりますが、実地試験の内容は基本的に統一されています。ここでは二等無人航空機操縦士の試験内容の一部をお見せしましょう。

二等の実地試験では「スクエア飛行」と「8の字飛行」という2種類のフライトをしなくてはなりません。いずれも決められたコースを8分以内に移動します。

図のように上からの視点でコースを見ると、スクエア飛行は初めに高度3・5メートルまで上昇して5秒間ホバリングし、その後おおよそ四角を描くように機体を動かし、離着陸地点に戻ります。指定のコースから外れて減点区画に入らないようにした飛行が必要です。

【スクエア飛行】

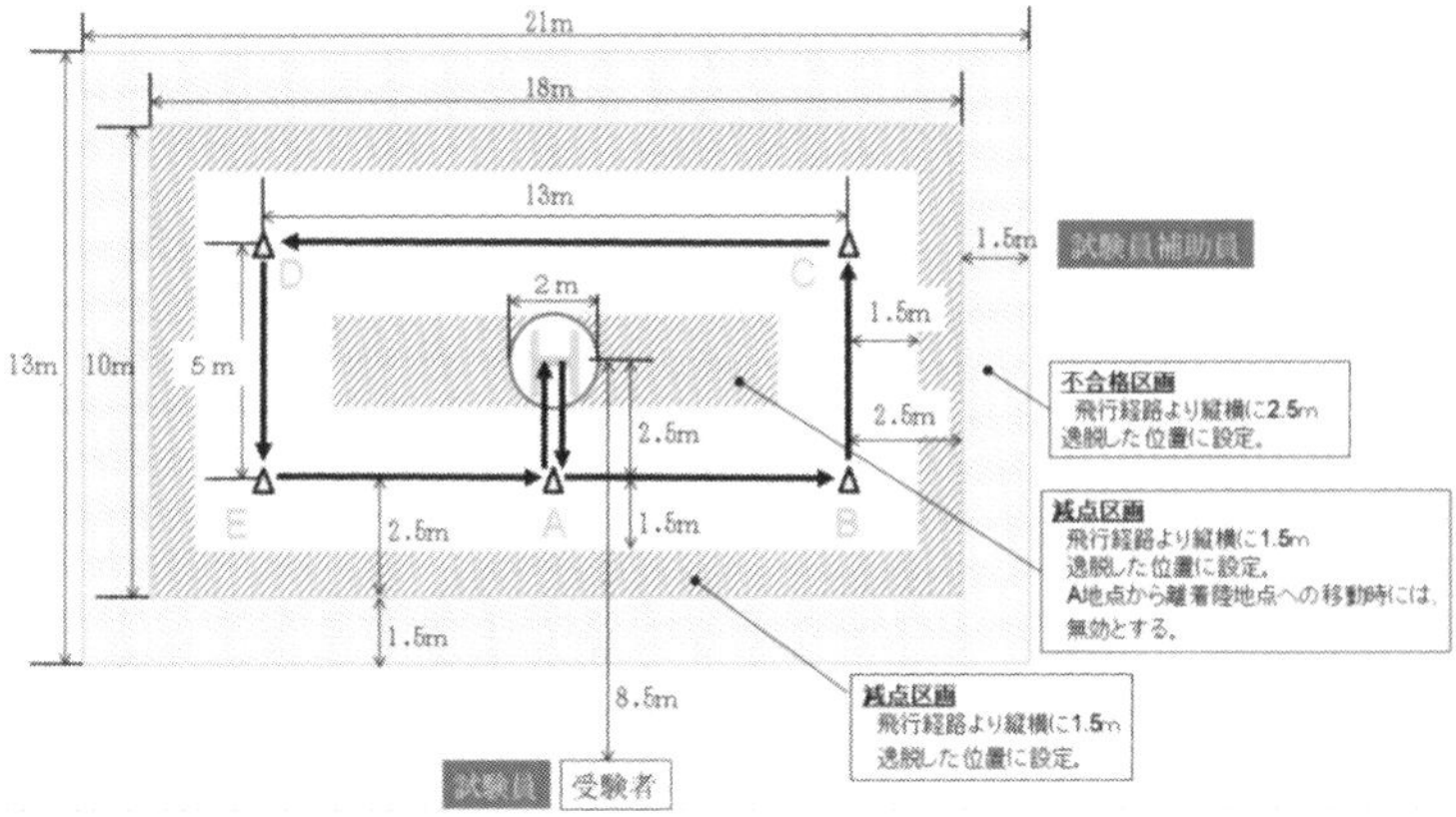

【8の字飛行】

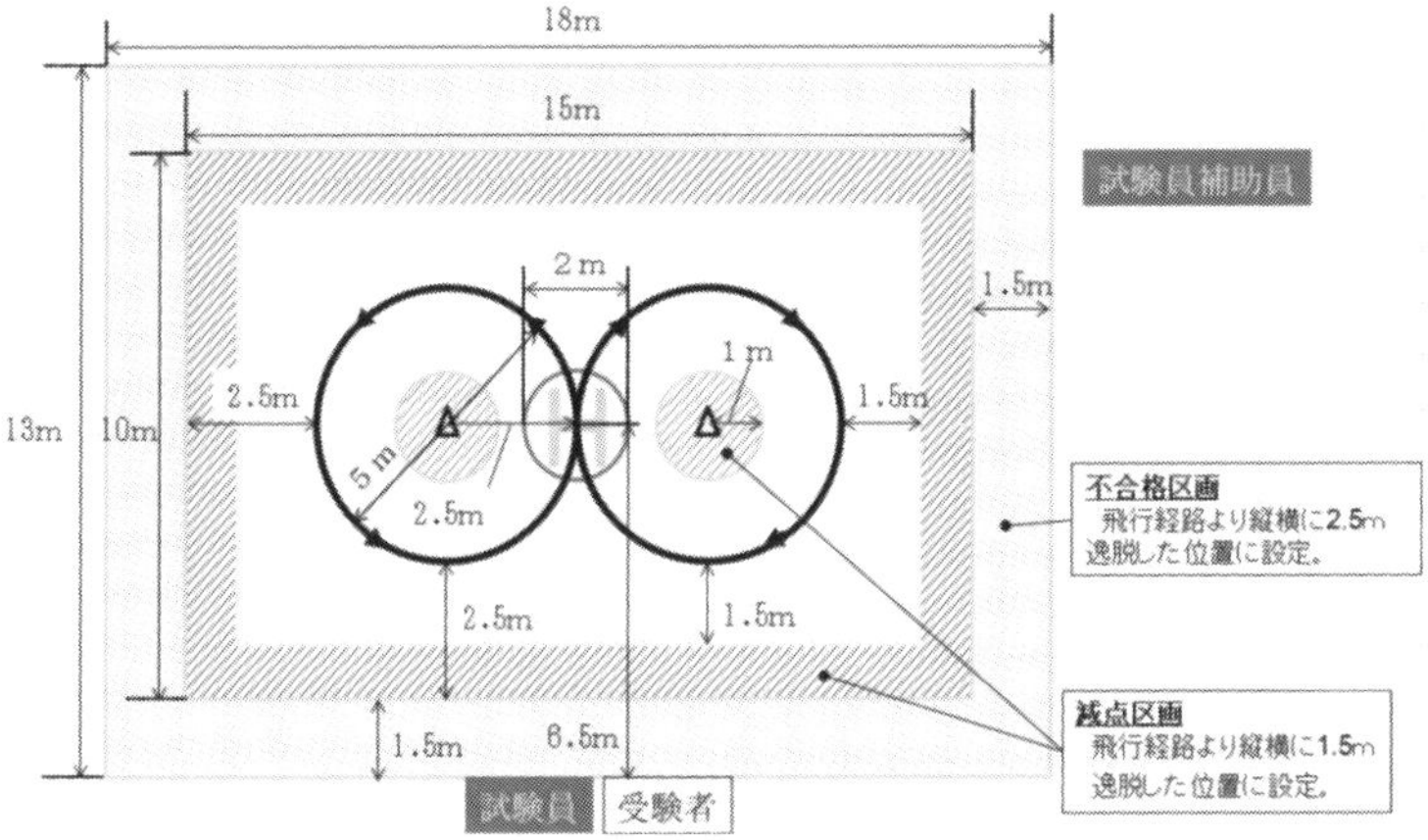

二等無人航空機操縦士実地試験実施細則
出典：国土交通省航空局安全部無人航空機安全課

8の字飛行は文字通り、8の字を描くように機体を動かします。初めに高度1・5メートルまで上昇し、5秒間ホバリング。次に8の字コースを2周して離着陸地点に戻ります。スクエア飛行同様、機体が減点区画の方に行かないよう気を付けます。

押さえておきたい補助金制度

ドローン関連の仕事をしている方でも利用できる補助金はあります。国もドローン事業を支援する方向に舵を切っており、経済産業省はドローン関連予算を組み、事業者へのサポート体制を整えているのです。

せっかく国が用意している制度ですので、使わなければもったいないですよね。

とはいえ、それぞれの補助金はドローンにフォーカスした内容ではなく、技術開発・生産性向上を目的としたものがほとんどです。ドローンの導入によって事業拡大が期待できる場合は補助金を使うことができますので、ぜひ知っておいてください。

対象となる補助金の一覧は図表の通りです（左頁参照）。これらの補助金はドローン関連の部

ドローン関連補助金一覧

補助金名	対象者	補助率	補助上限	事業期間
ものづくり補助金	中小企業等	1/2(小規模事業者・再生事業者は2/3)	750万円～1250万円(従業員規模による)	最大約1年
成長型中小企業等研究開発支援事業(Go-Tech事業)	中小企業等、大学等の研究機関と連携したコンソーシアム	原則2/3	通常枠:最大4500万円/年、出資獲得枠:最大1億円/3年	2～3年
中小企業等事業再構築促進事業	中小企業等	・成長枠:中小1/2、中堅1/3 ・グリーン成長枠:中小1/2、中堅1/3 ・産業構造転換枠:中小2/3、中堅1/2 ・サプライチェーン強靭化枠:中小1/2、中堅1/3 ・物価高騰対策・回復再生応援枠:中小2/3(一部3/4)、中堅1/2 ・最低賃金枠:中小3/4、中堅2/3	・成長枠:7000万円(従業員規模による) ・グリーン成長枠:エントリー類型中小8000万円、中堅1億円(従業員規模による)	最大約1年
地域・企業共生型ビジネス導入・創業促進事業	ベンチャー・中小企業等、連携企業(複数地域での実証等を行う)	2/3以内	通常型:3000万円、広域型・さらなる広域型:4000万円	約8ヶ月程度
スマート保安導入支援事業	中堅・中小企業	中小2/3、中堅1/2	未定	約8ヶ月程度

R5年度 ドローン関連予算|参考:経済産業省

品・サービスの開発や、必要な設備導入にかかるコスト削減に利用できます。

ものづくり補助金と中小企業等事業再構築促進事業、そして成長型中小企業等研究開発支援事業は、中小企業などが新しい製品やサービスの開発や、生産プロセスの改善に取り組むための制度です。

ドローンの機体に使われる部品を作ったり、そのための環境を用意するのに使えます。例えば長時間のフライトにも対応できるような高効率バッテリーを生産したい場合、その基盤技術を開発するためのコストを補助してもらえます。

なお、中小企業等事業再構築促進事業は業界を転換する際にも活用できる制度です。飛行機の部品を作っている企業であれば、その生産技術をドローンの部品開発に応用する場合、この制度を使えるでしょう。


地域・企業共生型ビジネス導入・創業促進事業は、ベンチャーや中小企業などが連携し、地域のビジネスや新事業を作るための制度です。例えばスーパーまで買い物に向かうのが難しい高齢者を支援するため、ドローンを使った物流事業を実施するようなケースなどで、補助金を受け取れます。また、このような地域の課題解決に必要な経費の一部を支援してもらうことも想定されています。

スマート保安導入支援事業は、対象が石油・化学や電力・ガス等の産業・エネルギー関連といったインフラ分野です。こうした領域でドローンやAIといった最新技術を導入し、業務を効率化させるための制度となっています。

例えば送配電線の点検をするためには、作業員が高所作業車などを使う必要がありますが、ドローンを使えば高いところでも確認できます。加えて山間部のような人気の少ないところの送配電線も、ドローンの遠隔操作でチェックが可能になるでしょう。

こうしたインフラ関連の事業には、スマート保安導入支援事業が活用できます。

ドローンスクールで資格を取得する際のチェックポイント

どの分野でドローンを導入するにしても、ドローンの資格が必要になってくる場面は多いでしょう。例えば遠く離れた島に向けての配送や、人が大勢集まるイベント時の空撮などはレベル4飛行に該当する可能性があるので、一等無人航空機操縦士の資格を取らなくてはなりません。

一等・二等無人航空機操縦士として技能証明を受けるには、国土交通大臣の登録を受けているドローンスクール（登録講習機関）を利用するのがおすすめです。民間のドローンスクールは全国的にまだ数が少なめですが、専門的な技術を学ぶ場所なので、質の良いスクールを選びたいですよね。

スクールによって次の点が異なりますので、スクール選びの参考にしてください。

・価格
・日数
・教育内容
・講師の技術レベル
・登録講習機関かどうか
・現場実績

・アフターフォロー

それぞれのポイントを見ていきましょう。

・価格

スクールを利用する価格は一つのポイントですが、最も安いスクールが良い選択肢とは限りません。なぜならスクールの価格は講習の内容や日数などによって変わりますし、場所によって講師の質も異なるためです。

例えば最低限のことを一日で学習できて3万円のところもあれば、一通りの専門的なことを5日間かけて学んで30万円のところもあります。

価格のみにこだわらず、価格に見合った適切な内容と、講師の技術レベルが合致するスクールを選ぶことが重要です。

一般的な価格帯は、実際に機体を使用した実技と座学のあるコースで30万円から40万円となります。

・日数

日数もスクールによって異なりますし、同じスクールでもコースによって長さが異なるケースもあります。ドローンの操縦や運用に必要な知識を学ぶのに必要な日数は人それぞれです。もしこれからレベル４の飛行が求められる事業をしていきたい人であれば一等無人航空機操縦士の資格が必要ですので、二等のみのコースと比べれば、日数や値段も違ってくるでしょう。

そのため自分の目的に合ったコースを選ぶことが重要です。

・教育内容

教育内容はドローンスクールの選択において非常に重要なポイントです。

特にドローンビジネスを始めようとする人は、ドローンの基本的な操作や法規制、フライトプランニング、不時着時の対処など、多岐にわたる知識を網羅していることが求められます。

また、スクールによってはより高度なスキルや技術を学ぶためのカリキュラムも存在します。

例えば回転翼機とＶＴＯＬ機では機体の種類が異なるので、操縦のポイントも違います。ですが将来的に複数のドローンを動かす必要のある人も、中には出てくるでしょう。

学べる内容が変わってくると、ドローンを活用した事業を行う上で大きな差を生むことがありますので、そのスクールにどういったコースがあるのかをチェックするようにしましょう。

・講師の技術レベル

講師が高い技術レベルを持っているところなら、より実践的なトレーニングを提供できます。講師のスキルを知るには、講師の資格や過去の実績などを調べると良いでしょう。

なお、講師がどれほどドローンの操縦経験があるかどうかも重要です。経験豊富な講師がいれば、実際の現場での問題についてのアドバイスに加えて、ドローンのビジネスについての情報も入手しやすくなります。

人脈はビジネスで強い武器になりますので、ドローン関連のスキルだけではなく、「より有益な情報を得られそうな環境かどうか」にも注目してみてください。

・登録講習機関かどうか

そもそもドローンの資格取得が可能なスクールかどうかをチェックしましょう。ドローンスクールには資格の更新のみが可能なところと、更新に加えて二等無人航空機操縦士のみ取得できるところ、そして一等無人航空機操縦士まで取得できるところの3種類あります。

もしあなたが一等の技能証明を得たいのであれば、二等のみのところや更新しかできないところは対象外となります。

スクールを探す際は、どこまでの講習に対応しているのかを確認しましょう。

・現場実績

ドローンスクールが過去にどのような企業や団体と仕事をしてきたか、そしてどのようなところで講座を開いているのかなども、スクールを選ぶポイントになります。実績が多いところであれば信頼性は高まり、適切なカリキュラムや講師陣が揃っていることを期待できるでしょう。

他にも、実績があるスクールは企業や団体とのつながりも多いので、スクールを卒業した時に就職や起業に有利になる可能性もあります。

・アフターフォロー

スクールを卒業した後のアフターフォローも重要な要素の一つです。卒業生へのサポートが充実しているスクールであれば、質問や不安点に対して、講習後でも丁寧に対応してもらえるでしょう。

例えばスクールによっては、受講が終わった後でもドローン飛行の実習を行っているところがあります。もちろんフライトは一人でも練習できますが、専門知識を持つ人からのフィードバックがなければ上達が難しいケースもあります。ドローンをビジネスで用いるなら、長期的なサポートを受けられるスクールを選ぶのが良いでしょう。

オンラインとオフラインの比較

ドローンスクールには、オンライン講座とオフライン講座があります。オンライン講座はインターネットを通じて自宅やオフィスなどから受講し、オフライン講座は教室やフィールドなどスクールの施設に足を運び、実際に講義や実習を受ける形式です。
オンラインとオフラインの違いを見ていきましょう。

まずは費用面で差があります。オンライン講座は施設運営に関係する費用がかからないため、オフライン講座よりも安価に提供されることがあります。また、交通費や宿泊費が不要であるため、地方に住んでいる人でも受講がしやすくなるでしょう。

日数や期間の違いも見られます。オンライン講座は時間や場所に縛られず、自分の都合に合わせて学べますので、比較的短期間で修了できます。それに対してオフライン講座は実習やフィールド体験など、現場での学びを重視しているため、日数や期間が長くなることがあります。

教育内容においても両者は異なっており、オンライン講座は主に理論や技術を学ぶことが中心であり、実習や実地体験は限られています。一方、オフライン講座では、現場で実際にドローンを飛ばし、操縦技術や撮影技術を身につけることができます。

オンライン、オフライン講座の違いを見てきましたが、この本を手に取っているあなたはドローンのビジネスに関心のある方だと思いますので、資格取得を視野に入れていることでしょう。技能証明のためには実習が不可欠ですので、基本的にはオフラインで学習する形になると考えられます。

ドローン免許学校の案内

ドローンビジネスに興味があり、スクールを探している方は、ぜひ私たちが運営しているドローン免許学校にお越しください。

ドローン免許学校は一等無人航空機操縦士までの技能証明が可能であり、ドローンでの豊富な現場経験を有する講師が在籍しています。

ひと月に40~50件ほどドローンを飛ばしているプロフェッショナルが、座学や実習を丁寧に行っているため、ただ資格を取得するだけではなく現場で活用できるノウハウと安全対策までを学べます。

資格を取得して、将来的にドローンビジネスを始めたい方にはまず二等無人航空機操縦者技能証明（国家資格）の取得をおすすめしております。

弊社の講習では2ヶ月のオンラインでの座学講習と、2日間の実技講習＋修了審査となっております。

まずはオンラインの座学で、航空法の解説・機体構造及び技術の解説・天候の解説・実際の飛行など必要なことをお伝えします。

実習では専門的な操作技術を学べ、必要に応じて複数の機体を使い分けるスキルを磨けるので、実際の現場でフライトができるような操縦士になることが可能です。

他社と比較してもスクール料金、必要な日数、そしてサービスも充実しているという特徴があります。

強み① アフターフォロー

ドローン免許学校は、受講した後に現場で困ったことが発生した時にいつでもサポートできる体制を整えております。

例えばドローンの操縦で悩む方には、定期的に開催しているフライト実習に参加していただき、プロの講師から飛行のアドバイスを受けられるのです。

受講後は専門家の視点で自分の操縦のチェックを受ける機会はほとんどないため、操縦スキルが低い方は、そのままの状態でドローンの仕事を続けることになってしまいます。技術力が低ければ、いつか事故を起こしてしまう恐れもあるでしょう。

そのようなことがないよう、ドローン免許学校では受講後も技術向上をアシストしているのです。

他にも講師に対してドローン関連の法律や、ドローンの飛行許可申請の疑問点などを質問できます。法的知識や行政手続きについては、慣れないうちは不安を感じる方も多いので、初めての方でも安心してフライトできるようにフォローしています。

強み② 撮影実績、現場実績、過去の講習

多くのドローンスクールでは、講座や実習のみを行っているところが多いのですが、ドローン

免許学校は現場経験も豊富です。
実際にドローンによる調査・空撮などの仕事を数多く行っており、大手平均で年間100～150件のフライト数の中、私たちは年間700件以上ものフライトをしています。人的ミスによる墜落事故ゼロを継続中ですので、多くのお客様から信頼していただいています。

私たちが対応した業務の一部を公開します。

・愛知高校での土曜日授業の実施
・三重県消防本部のドローン部隊教育の実施
・商業施設での子供向けドローン教室の実施
・大府市（愛知県）子ども映画祭での体験会
・損害保険代理店向けの講習会
・学校教育や官公庁関連に向けたドローンの教育・訓練
・バラエティ番組撮影

・愛知県観光PR動画の撮影協力
・長野県観光ホテルの撮影

強み③ 仕事の紹介が可能

せっかくスクールでドローンのノウハウを身に付けたのですから、仕事につなげたいものですよね。

しかし、ほとんどのスクールは資格取得までの手引きはしていても、それ以降のサポートをしていません。

資格を取得しても、それ以前までドローンの業界に詳しくない方がいきなり仕事を探すのはハードルが高めです。

ドローン教室の様子

大府市子ども映画祭での体験会の様子

損害保険代理店向けの講習会の様子

そこで、ドローン免許学校では、ドローン関連の仕事の斡旋も行っています。

私たちが卒業生の方々にご紹介した仕事は鉄塔点検、家屋調査の撮影、TV番組の撮影や動画制作、農薬散布、圃場調査などなど。

第4章でもお伝えしてきた通り、ドローンはまだまだ発展途上の分野で、活躍の幅は広いと言えます。ですが、最初の仕事を手に入れるまでのステップには苦戦する方も多いので、そうした方々に仕事の紹介もさせていただいています。

第6章

ドローン免許学校の卒業生の方々

最後の章では、ドローン免許学校でドローンについて学び、資格を取得された方々を3人ご紹介します。

ここで取り上げる方々はYouTuberで、中にはドローンを使った仕事を請けている方もいますので、YouTube動画を視聴すれば、ドローンをフライトさせてどのようなことをしているのかがイメージしやすくなるでしょう。

また、ドローンスクールで講習を受ける様子を動画にまとめているチャンネルもありますので、どのようにドローンを飛ばす練習をするのか気になる方は、ぜひ動画を確認してみることをおすすめします。

ビートないとーさん

ビートないとーさんは動画クリエイターであり、YouTubeチャンネルでは、キャンプやVlog（ビデオブログ）など多岐にわたるコンテンツを配信中です。彼は2017年からドローンを飛ばしており、「空撮は男のロマン」「飛行機のパイロットになるのは難しいが、パイロッ

「【最高峰】Mavic 3 cine 降臨！ドローンで映画を撮ろう！」
出典：ビートないとー / Beat Naito YouTubeチャンネル

トの疑似体験ができるのがドローンの良いところ」と語ります。

また、ドローンの比較動画や、ドローンを活用して空撮した動画などもアップしており、独自の視点や編集技術によって、魅力的なコンテンツが生み出されています。

彼が奄美大島に行った時に空撮した動画もアップされており、動画は奄美大島の海岸や山に向かって沈んでいく夕日、そして岩山にぶつかる波の様子などが綺麗に撮影されています。ビートないとーさんがその時に使用していたドローンは「Mavic 3 cine」といい、映画製作に使用されるようなプロ向けの機体です。ドローンのカメラやバッテリーなど性能面についても詳しく解説されていますので、空撮に興味のある方は、ぜひ彼の動画を視聴することをおすすめします。

ビートないとーさんがドローン免許学校で講習を受けている際の動画もあり、その時に実施したドローンと操縦者の距離感覚をつかむ訓練の様子や、ドローンの操縦をする人をサポートする補助者の役割についてお伝えする様子が記録されています。

ビートないとーさんは「ドローンのルールが厳しくなってくると思うので、今のうちに基礎を押さえておくことが重要。自分もドローンを飛ばす経験をしてきましたが、法律面など知らないことが多かったので、座学を学んで良かったと思います」と話しています。

チャンネル隊長さん

チャンネル隊長さんはクルマやバイク、DIY、アニメ、ゲーム、漫画、ガンプラ、サバゲー、ガジェット関連など、幅広いジャンルを取り扱うYouTuberです。夫婦でYouTubeチャンネルを運営されており、ドローン免許学校にお越しいただいた際も、お二人で受講されました。

お二人がドローンの資格を取得しようと考えたきっかけは、「ドローンを使ってできることは

「【兄弟出演】たいちょーの兄貴出演!? DJImini2で遊んでみた! &嫁の未公開映像!!」｜出典：チャンネル隊長 YouTube チャンネル

増えているので、資格を取って仕事に活かしたい」と思ったこととのことでした。

YouTube動画の中には、ドローン免許学校で座学・実技の講習と試験を受ける様子もあり、お二人とも見事に合格されています。

その後はチャンネル隊長さんが購入された「DJImini2」を初フライトさせる動画がアップされており、その動画に当スクールの講師もフライトの監督を兼ねてゲスト出演しています。

当スクールでは受講後のサポートもしていますので、フライトのサポートや安全面でのチェックを受けられます。スクールで実技や試験をパスして、ドローン資格を取得したとはいえ、初めてのフライトは緊張するもの。チャンネル隊長さんが初フライトの動画内でお話ししていた通り、地上付近と上空では風の強さが違うため、高度を上げると不安を感じる方も出てくるでしょう。そのような時でも、プロの講師の指導・監督のもと、ドローン操縦をすることができます。

ＫＣＶｌｏｇさん

ＫＣＶｌｏｇさんはマーケティングからブランディングまで一貫したサポートを提供する映像プロダクション会社です。商品のイメージアップやお店の売り上げ向上、地域の魅力を広く知ってもらいたいという悩みを持つ方々を対象に、動画制作の業務を受注されています。

プロの映像クリエイターが作業を分担することで、コストを抑えつつ高品質な動画制作をしており、ヒアリングから企画構成、撮影、編集、納品までのプロセスを最短2週間で対応することを強みとされています。

ＫＣＶｌｏｇさんのメンバーの方々には、ドローンの免許取得のために、オンラインで座学

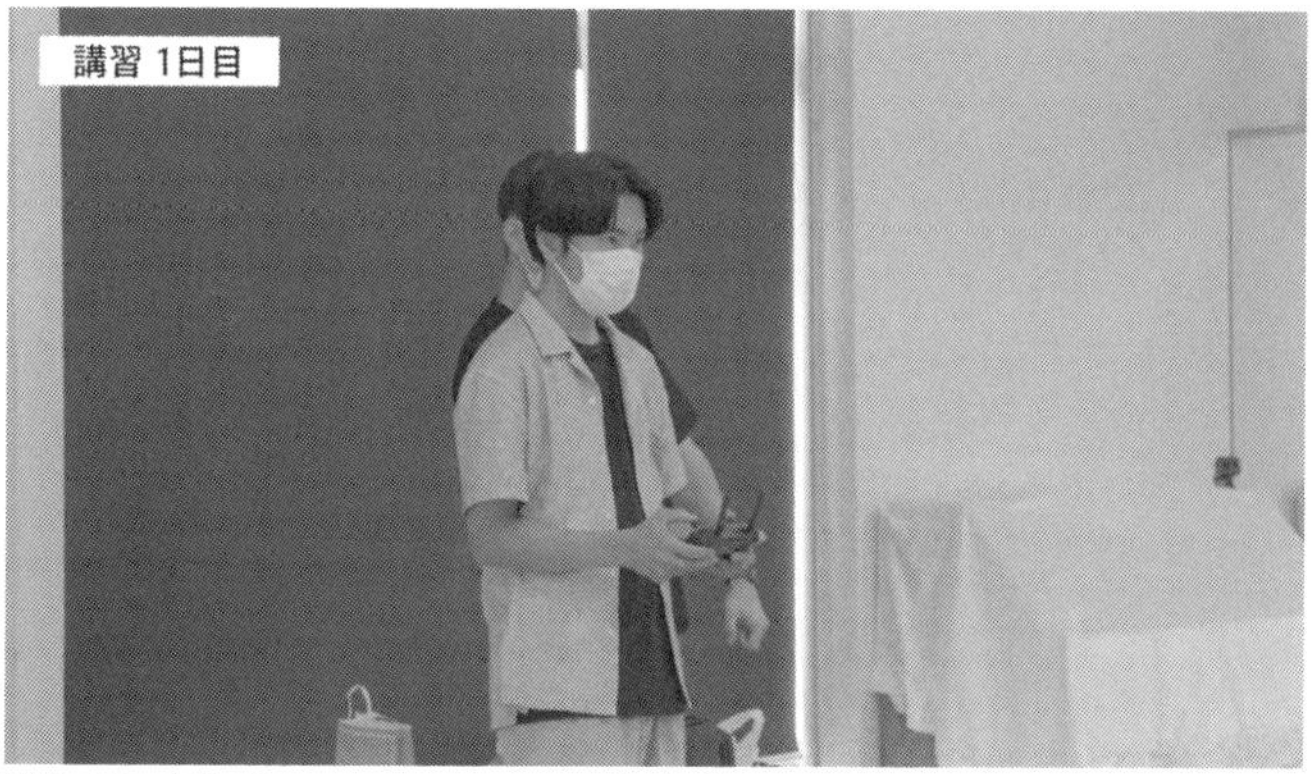

「【資格取得】僕たち、ドローンの“プロ”になりました。」
出典：KCVlog YouTubeチャンネル

を修了した後に、実技と試験を受けるためにドローン免許学校を利用していただきました。

実技中、ＫＣＶｌｏｇさんは「操縦時は細かい動きが要求されるので難しい」とお話しされていましたが、受講された３人共試験に合格し、資格を取得されています。

他の受講者様の事例にもありました通り、ドローンなら空からの撮影や、空中を高速移動しながらの撮影が可能ですし、機体によっては高性能のカメラを搭載しています。

取得したドローンの資格を使い、特定飛行も可能になれば、きっと動画制作の幅は広がるでしょう。

おわりに

「Ｔｅｃｈｎｏｌｏｇｙ　ｗｉｌｌ　ａｌｗａｙｓ　ｗｉｎ
（テクノロジーは常に勝利する）」

これはＩｎｔｅｌのＣＥＯ（最高経営責任者）を務めていたアンドルー・グローヴ氏の言葉であり、彼が技術革新の重要性と、それが日々進化し続けていく事実を認識していたことを示しています。

実際にドローンも進歩を重ねており、年々市場規模が大きくなっている点やさまざまな仕事を生み出している点などは、すでにお伝えしてきました。これはドローンがますます重要な存在になっていることを意味します。

さらに２０２２年12月のレベル４飛行の解禁によって、これまで以上にドローンが活躍する場面が増えていくのは間違いありません。もちろん、有人地帯による目視外飛行にはリスクが伴いますが、ドローン操縦者一人ひとりが正しい知識、高いスキルを持って注意深くフライトすれば、そうしたリスクは最小限に抑えられるでしょう。

あなたも本書を通して、ドローンの可能性を実感できたのではないでしょうか。多くの分野で実証実験をクリアして導入化していることを見ても、もはやドローンはSF世界の産物ではなく、現実の世界で活躍する具体的なテクノロジーとなっています。

一方で、2022年末にはChatGPTが台頭したことで、「これからはAIの発展で、たくさんの業界が無くなっていく!」と不安視されています。ChatGPTとは、OpenAI社によって開発された、対話型のAIサービスです。質問を投げることで文章作成や情報収集、そしてプログラミングコード生成などができるので、多くの分野で利用され始めています。その他にも画像や動画コンテンツ、音楽制作ができるAIサービスも登場しており、AIの可能性についても世界中で注目されています。

そのため、人間ができることのほとんどがAIで代替可能になり、「AIに仕事を奪われるのではないか」と危惧している人が増えているのです。

ところが、そんな中でもドローン事業はまだまだ先があります。ドローンもAIと同じく最新のテクノロジーですし、AIを搭載したドローンも今後は増えていくかもしれません。

もしもあなたがAI搭載ドローンを使いこなせるようになれば、ドローンとAIの両方を使いこなせる人材となり、「最新技術に仕事を奪われる者」ではなく、「最新技術を利用し仕事を創り出す者」になれるでしょう。時代を牽引する人材を目指すためにも、まずはドローンの世界に一歩踏み出してみてはいかがでしょうか?

その選択が、あなたの未来を大きく変えるかもしれません。

なお、今回の書籍では解説することができなかった、最新のドローンビジネスで成功できる秘策・事例があります。

そこで、この本を手に取ってくださったあなたに私たちからの感謝の意を込めて、そのドローンのビジネスの極意をお伝えします。

このページに記載されているＱＲコードをスキャンしていただきますと、公式ＬＩＮＥから特別なプレゼントにアクセスすることができます。スマートフォンのカメラ機能を利用し、このコードを読み取ってください。

このプレゼントは、本書の読者だけに限定した特別なもので、あなたのドローンに関する可能性を深め、体験をさらに豊かにするためのものです。

あなたと共有できるこの機会を心から楽しみにしています。

黍嶋一馬

【特別特典】
ドローンビジネスの極意を無料プレゼント！

① QR コードを読み取ります
② ページ内のフォームに必要事項を入力して送信します
③ メールアドレスに案内が届きます

黍嶋一馬（きびしま かずま）

1989年愛知県春日井市生まれ。太陽光、福祉、アプリ開発、消防設備点検などの会社経営に携わる中で、お客様から頂いた「ドローンで外壁の調査とかできないの？」という何気ない一言をきっかけにドローン業界を調べたところ、ドローンの圧倒的将来性を目の当たりにし、他の事業からすべて撤退して2019年からドローン業界に本格参入。800棟以上のドローンによる点検調査やテレビ番組の撮影、農薬散布などの業務も行い、その技術を評価され機体メーカーの実証実験のパイロットにも起用される。ドローンスクールの分野では国家資格化に伴い、「ドローン免許学校」を半年間で6拠点展開し、1ヶ月に100件以上のお問い合わせをいただく中で、「最もお客様に寄り添った、丁寧なスクール」として認知が高まっている。

ドローンビジネス 成功の方程式

2023年10月31日　初版発行

著者／黍嶋一馬

編集協力／池田昇太

印刷所／中央精版印刷株式会社

発行・発売／株式会社ビーパブリッシング
〒154-0005 東京都世田谷区三宿2-17-12　tel 080-8120-3434

ISBN 978-4-910837-26-0　C0033